"少儿万有经典文库"学术顾问

周忠和
中国科学院院士
美国国家科学院外籍院士
古生物学家
中国科普作家协会理事长

金 波
著名诗人、儿童文学作家
首都师范大学教授

肖培根
中国工程院院士
中国医学科学院药用植物研究所名誉所长

林 群
中国科学院院士
数学家

华觉明
科学史家
国家非物质文化遗产保护工作专家委员会委员

张 希
中国科学院院士
吉林大学校长

张柏春
中国科学院自然科学史研究所所长

王守春
历史地理学家
中国科学院研究员

叶裕民 | 经济学家
中国人民大学教授、博士生导师

刘冠军 | 首都经济贸易大学马克思主义学院院长、教授、博士生导师

苟利军 | 中国科学院国家天文台研究员
中国科学院大学天文学教授

少儿万有
经典文库

JIHE YUANBEN SHAO'ER CAIHUI BAN

几何原本 少儿彩绘版

郭园园 著 庞坤 绘

接力出版社
Publishing House

图书在版编目（CIP）数据

几何原本：少儿彩绘版 / 郭园园著；庞坤绘 . —南宁 : 接力出版社，2021.10
（2025.1重印）

（少儿万有经典文库）

ISBN 978-7-5448-6986-7

Ⅰ．①几…　Ⅱ．①郭…　②庞…　Ⅲ．①欧氏几何—少儿读物　Ⅳ．① O181-49

中国版本图书馆 CIP 数据核字（2021）第 169269 号

责任编辑：车颖　　封面设计：林奕薇　　美术编辑：王雪
责任校对：杜伟娜　　责任监印：刘宝琪
出版人：白冰　雷鸣
出版发行：接力出版社　　社址：广西南宁市园湖南路9号　　邮编：530022
电话：010-65546561（发行部）　　传真：010-65545210（发行部）
网址：http://www.jielibj.com　　电子邮箱：jieli@jielibook.com
经销：新华书店　　印制：河北尚唐印刷包装有限公司
开本：889毫米×1194毫米　1/16　　印张：8.5　　字数：120千字
版次：2021年10月第1版　　印次：2025年1月第9次印刷
印数：36 001—41 000册　　定价：88.00元

亲爱的读者：

　　几何学就是研究、理解空间本质的学科。它是人们认识大自然、理解大自然的起点和基石所在，也是整个自然科学的启蒙者和奠基者，是种种科学思想和方法论的自然发源地。不论在自然科学的发展顺序上，还是在全局的重要性上，几何学都是理所当然的第一科学。在早期文明中，人们通过对自然界的朴素认识，利用归纳实验的方法去探索空间的本质，这属于实验几何阶段。随后，数学家们以实验几何之所得为基础，用逻辑推理去探索新知，并对已知的各种各样空间的本质，精益求精地做系统和深刻的分析，这属于推理几何，在这方面，古希腊文明获得了辉煌的成就。

　　古希腊时期，哲学家泰勒斯开启了对数学命题进行证明的思想，毕达哥拉斯学派将之发扬光大。到了公元前3世纪，以证明为中心的古希腊数学传统已经得到了很好的发展。欧几里得以公理化的方法对当时已有的古希腊数学成果做了系统化和理论化的总结，著成《原本》（*Elements*）一书，该书成为推理几何的重要代表作。

　　希腊时期乃至人类历史上最重要的数学著作之一就是欧几里得的《原本》，它写成于约2300年前，通常被认为是除《圣经》外西方流传最广的著作，几乎已经被译成了所有主要语言。现在的读者可能难以理解这一著作——没有例子，没有注释，也没有计算，而只有简单的定义、公理、公设、命题和证明。《原本》全书共分

十三卷，书中包含了5条公理、5条公设、若干定义和465个命题。整部书在内容的编排上，由浅到深，从简至繁，先后论述了直线形、圆、比例论、相似形、数论、立体几何以及穷竭法等内容。更为重要的是，在《原本》中，所有命题的证明必须或者以公理为前提，或者以先前就已被证明了的定理为前提，才最后得出结论。这样所有的命题就编织成了一个演绎推理的链条，形成了欧几里得几何体系。

此外，《原本》所包含的数学内容对后世数学发展产生了巨大的影响，例如今天代数、几何、数论等许多数学分支的产生及演化都与《原本》有着密切的联系。两千多年来，人们始终以欧几里得几何为基本内容编写初等几何教材，并将几何作为中学的一门重要课程。从学生到工匠，从帝王到总统，人们一直把是否通晓几何作为衡量人的教育程度的一项标志。欧几里得几何有效地培育了学生的推理能力、严密思考的习惯和努力探索的精神，这一点可能是其他科目所不可替代的。许多大科学家在很小的时候都曾受到欧几里得的影响，阿尔伯特·爱因斯坦曾指出："如果欧几里得未能激起你少年时代的热情，那么你就不是一个天生的科学思想家。"徐光启在翻译《原本》的过程中也曾说："能精此书者，无一事不可精；好此书者，无一事不可学。"

综上所述，《原本》的价值不仅在于其中的数学内容和演绎思想，还在于其在两千多年的岁月中所演化发展的数学知识及其背后的人文故事。欧几里得几何在基础教育中的地位是不容怀疑和贬低的，过去是这样，在科学技术日新月异的今天同样如此。下面就让我们领略这本历经两千多年而不朽的数学经典的魅力吧！

郭园园

目录

第二部分　《原本》的内容概要　11

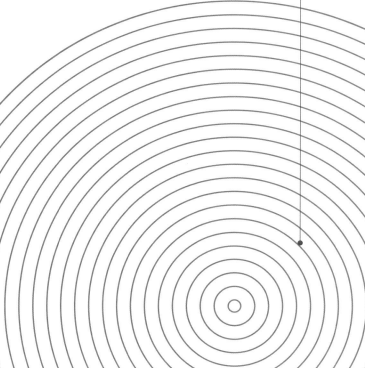

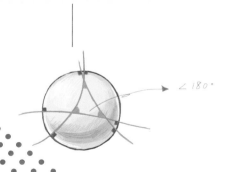

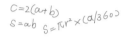

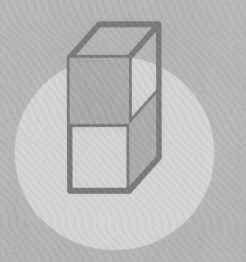

第一部分　欧几里得

几何学之父

欧几里得（约前 330—前 275）

　　欧几里得（Euclid）大约生活在公元前330—前275年，他总结早期古典希腊数学理论成果，用公理法整理几何学，在公元前300年前后写成十三卷数学著作《几何原本》（Elements，在本书中如果没有特殊说明，一般称《原本》）。这部划时代的数学巨著的最重要贡献在于它树立了用公理建立演绎数学体系的最早典范，因此欧几里得被称为"几何学之父"。

仅有的生平线索

　　尽管欧几里得的名气非常大，但我们却对他的生平了解甚少，普罗克鲁斯在公元450年左右所著的《欧几里得〈原本〉第一卷评注》中有少量关于欧几里得生平的记载：

　　欧几里得是在这些人（指科洛丰的赫莫梯姆斯和门德的菲利普斯，两人均为柏拉图的学生）成名之后不久与他的《原本》一同出名的。在《原本》中，他把欧多克索斯的许多定理系统化，完善了蒂奥泰德的许多定理，把前人十分松散的命题建立在不可反驳的证明形式上。他生活在托勒密一世的时代，这是因为托勒密一世晚期的阿基米德曾提到欧几里得。还有一种说法，托勒密一世曾问欧几里得，除了《原本》之外，有没有其他学习几何的捷径。因此欧几里得一定晚于柏拉图而早于埃拉托色尼和阿基米德。

　　上述内容是后世参考和引用的最可靠的说法，同时也是仅有的关于欧几里得生平的原始资料。为了更好地了解欧几里得生平和《原本》，我们首先需要了解一下古希腊文明。

几何原本（少儿彩绘版）

EUCLID'S ELEMENTS

 ## 西方文明的主要源头——古希腊

古希腊是西方文明的源头。位于欧洲南部，地中海的东北部，包括巴尔干半岛南部、爱琴海诸岛及小亚细亚西岸一系列城市国家（城邦）。公元前6—前4世纪，希腊社会政治、经济发展，产生了丰富多彩的文化。希腊多山脉和岛屿的地理环境，限制了大规模农业生产的发展，希腊的主要行政机构是大小不同的城邦政府。希腊化时代（公元前4—前1世纪），科学特别是数学、物理学和天文学获得了显著发展，古希腊文化体现了多方面的创造性的智慧，对古罗马和后世欧洲的文化产生了很大影响。与本书主人公——欧几里得密切相关的两个文明阶段，是雅典和亚历山大时期。

 ## 从雅典到亚历山大城

约公元前500年至公元前449年的希波战争是古代波斯帝国为了扩张版图而发动的入侵希腊的战争，战争以希腊获胜告终，波斯帝国却从此一蹶不振。希波战争之后，雅典成为希腊的霸主，雅典的海军是希腊各城邦中最强的军事力量。公元前431年，以雅典为首的提洛同盟与以斯巴达为首的伯罗奔尼撒同盟之间爆发了伯罗奔尼撒战争，公元前404年，雅典向斯巴达投降。战争使参战双方的多数城邦蒙受人力和财力的巨大损失，国力下降，整个希腊开始由盛转衰。

希腊各城邦陷入混战期间，希腊北部的马其顿逐渐崛起，公元前338年，马其顿取得了

对整个希腊的控制权。公元前336年，马其顿统治者腓力二世遇刺，其子亚历山大即位为马其顿国王，称亚历山大大帝。亚历山大大帝早年曾师事亚里士多德，他胸怀大志，率领马其顿的骑兵，跨过地中海，进入小亚细亚，打败了古波斯国王大流士，占领埃及，最终建立了一个地跨欧亚非三洲的庞大帝国。公元前332年，亚历山大大帝在埃及建立了亚历山大城，被誉为"黄金之城"，与四面八方的贸易使其繁荣起来，是当时地中海地区重要的政治、经济、文化中心。

亚历山大城图书馆，始建于托勒密一世，是世界上最古老的图书馆之一

公元前323年，亚历山大染病死于巴比伦，所建帝国解体，形成了以托勒密王国、塞琉西王国和马其顿王国为主体的一批希腊化国家。埃及的亚历山大城由托勒密一世统治。托勒密一世是一位有远见卓识的统治者，他大力倡导学术，多方网罗人才，招贤纳士，建立了一座宏伟的博学园，献给掌管文学、艺

术、科学的希腊女神——缪斯。亚历山大城的博学园是一个研究机构、图书馆和学院的联合体，收藏各类图书有五十多万卷，一跃成为古代世界的学术文化中心！

数学天才辈出的年代

本书的主人公——欧几里得，生活在一个数学天才辈出的时代，他们仿佛希腊神话中奥林匹斯山上的众神，在人类文明史上占有极为重要的地位。

约公元前387年，哲学家柏拉图在雅典创办著名的柏拉图学园，培养了一大批数学家，在学园的门口用希腊语刻着"不懂几何者不得入内"的铭文。欧多克索斯、亚里士多德都是该学派的代表人物。

亚历山大时期是希腊数学的黄金时期，此时出现了一批著名的数学家，如叙拉古的阿基米德和佩尔吉的阿波罗尼奥斯。阿基米德不仅是伟大的数学家，

拉斐尔名画《雅典学派》，中间二人，左为柏拉图，右为亚里士多德；前左执笔书写者为毕达哥拉斯，前右俯身作图者为欧几里得

还是力学家和机械师。他曾经说过一句千百年来家喻户晓的名言——给我一个支点，我可以撬起整个地球。

据推测，欧几里得早年极有可能在雅典的柏拉图学园学习过，后来在亚历山大城教授过托勒密一世数学课程。可以肯定的是，在这上述两批数学家之间大约有100年的时间差，欧几里得成名在第一批人之后，在第二批人之前，他是一位在这100年间起了重要作用的大数学家。他继承和总结了希腊人在雅典时期及之前的数学成就，又为亚历山大时期希腊数学的发展打下了基础。

 ## 著作等身的欧几里得

《原本》是一部集前人思想和欧几里得个人创造于一体的不朽之作。这部书囊括了欧几里得之前约400多年的数学研究成果，它保存了古希腊早期的许多几何学理论，通过欧几里得开创性的系统整理和完整阐述，这些远古的数学思想得以发扬光大。除了编写《原本》之外，欧几里得在其他研究领域也做了大量的具有历史意义的工作，下面让我们了解一下欧几里得的另外一些著作。

《论给定》（*Data*）在编写体例上和《原本》前六卷相近，包括94个命题。《论剖分》（*On Divisions of Figures*）论述用直线将已知图形分为相等的部分或成比例的部分，包括36个命题。《现象》（*Phenomena*）是一本关于球面天文学的书，包括18个命题。《光学》（*Optica*）是早期几何光学著作之一，这本书主要研究透视问题，论述光的入射角等于反射角等。《圆锥曲线论》（*The Conics*）这部书成为后来阿波罗尼奥斯的研究基础。欧几里得的这些成果，无论从难度、深度，还是工作量上看，都不低于他的《原本》。因此我们只能说《原本》在数学史上的地位和所起到的作用是突出的，因为欧几里得在许多不同的研究领域都有所建树，并起到了承前启后的作用。

几何原本（少儿彩绘版）
EUCLID'S ELEMENTS

"给他三枚钱币"——欧几里得的教育观

欧几里得不仅是一位伟大的数学家，他还长时间从事数学教学活动。欧几里得的教育思想受柏拉图影响较大，柏拉图在《理想国》（*The Republic*）中记述了柏拉图为学园的学生开设的课程的提纲，其中数学课程包括算术、平面几何、立体几何和天文学等。柏拉图认为学习数学是为了训练人的头脑，是为了纯粹理性地追求真理，绝非出于商业目的。

此外，斯托比亚斯记述了一则关于欧几里得教学的故事，说一个学生才开始学习《原本》第一个命题，就问学了几何学之后将会得到些什么。欧几里得说："给他三枚钱币，因为他想在学习中获得实利。"由此可知，欧几里得主张学习必须循序渐进，刻苦钻研，不赞成投机取巧的作风，反对狭隘实用的观点。

"几何学无王者之路"

前面提到托勒密一世在亚历山大城建立了一个博学园，相当于包括博物馆和图书馆在内的复合学术机构。它实际上是政府研究组织，托勒密一世及其继任者希望用这种方法从各地吸引优秀人才。其中图书馆的目标是搜集所有最实用的文献并使之系统化，为此，外出船队被指示在他们返航时从经过的每个港口带回各种书卷。亚历山大里亚的博学园不久便成为希腊人文科学和自然科学最高级别的学术研究中心，欧几里得很可能是第一个被邀请到博学园的数学家。

普罗克鲁斯所著《欧几里得〈原本〉第一卷评注》中还记载了这样一个故事：托勒密一世问欧几里得，除了他的《原本》之外，还有没有其他学习几何的捷径。欧几里得回答道："几何学无王者之路。"（There is no royal road to geometry.）这句话成为传诵千古的学习箴言。

第二部分　《原本》的内容概要

什么是《几何原本》

 "原本"的含义

欧几里得《原本》的英文名为 *Euclid's Elements*，其中"elements"一词今天被广泛使用，可以表示基础、原理、要素、元素等含义。但是在古希腊，"elements"是"字母"的意思，语言中的全部单词和语句都是由字母构成。而欧几里得此处使用"Elements"则源于亚里士多德，亚里士多德在其《形而上学》中指出，几何学中最广泛最基本的命题称为"Elements"。在数学中，一般把判断某一件事情的陈述句叫作命题。《原本》中共465个命题，这些命题是欧几里得所认为的在几何学中最重要、最基础的命题。几何学中成千上万的命题，都是由这些"Elements"推理而来。所谓推理，指的是从一些既定的命题出发，运用逻辑的规则导出另一个命题的过程，这也是《原本》演绎体系的魅力和精髓所在。

究竟是《原本》，还是《几何原本》？

《原本》有时也被称为《几何原本》，这是怎么回事呢？该书在西方世界一直被称为《原本》，而《几何原本》的叫法要追溯到中国明代末年。1607年（明万历三十五年），徐光启和传教士利玛窦合作翻译出版了德国人克拉维乌斯校订增补的拉丁文版《欧几里得〈原本〉十五卷》（*Euclidis Elementorum Libri XV*）中的前六卷，定名《几何原本》。250年后，也就是1857年，英国人伟烈亚力和李善兰以英国数学家比林斯利的《几何原本》（*The Elements of Geometrie*，1570）为底本，将其后九卷译为中文，书名仍沿用《几何原本》，该名便沿用至今。

《几何原本》中"几何"为何意？

众所周知，今天"几何"二字表示研究空间结构及性质的一门科学。其实，"几何"二字在汉语中早已有之，但并非现在的意思，该词作为一门学科的名称便是源于徐光启、利玛窦所命名的《几何原本》。一般认为，徐、利二人所加"几何"二字有两方面用意：一方面是当时拉丁文"geometria"（几何）字头"geo"的发音与"几何"相近；另一方面，在古汉语中，"几何"原是多少、若干的意思，而《原本》实际上包括了大量的数学命题，故"几何"二字既与geometria的字头音近，又反映了数量关系大小，音义兼顾，最终逐渐演化为今天的"几何"之意。

《原本》产生的历史背景

　　欧几里得的《原本》是一部划时代的巨著，其伟大的历史意义在于它是用公理建立演绎体系的最早典范。《原本》问世之前积累下来的数学知识是零碎的，片断化的，就像木石和砖瓦，只有借助逻辑方法，把这些知识组织起来，加以分类、比较，揭示彼此间的内在联系，整理在一个严密的系统之中，才能建成巍峨的大厦。

数学地位的提高

　　《原本》的出现不是偶然，在它之前已有许多希腊学者做了大量的工作。希腊数学始于以泰勒斯为首的伊奥尼亚学派（Ionians），其贡献在于开创了命题的证明，为建立几何的演绎体系迈出了极重要的第一步。稍后有毕达哥拉斯领导的学派，这是一个带有神秘色彩的政治、宗教、哲学团体，以"万物皆数"作为信条。

　　希波战争后，雅典成为希腊的政治、文化中心，各种学术思想在雅典竞相涌现，演说和辩论时有所见。在这种氛围下，数学开始从个别学派闭塞的围墙里跳出来，来到更广阔的天地里。智者学派（Sophist，也称诡辩学派）提出了几何作图的三大问题。埃利亚学派的芝诺提出著名的悖论，迫使哲学家和数学家深入思考无穷的问题。原子论学派的德谟克利特用原子法得到锥体体积是同底等高柱体体积的三分之一。柏拉图学派的亚里士多德是形式逻辑的奠基者，该学派另一个重要人物欧多克索斯创立了比例论。上述这些内容都影响了《原本》的形成。

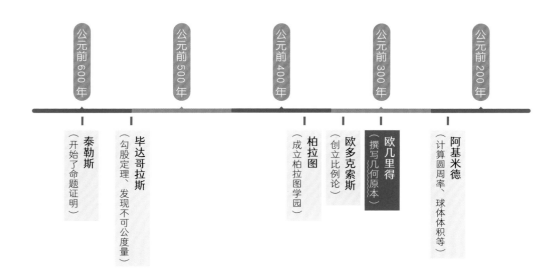

公元前600年　公元前500年　公元前400年　公元前300年　公元前200年

泰勒斯（开始了命题证明）
毕达哥拉斯（勾股定理、发现不可公度量）
柏拉图（成立柏拉图学园）
欧多克索斯（创立比例论）
欧几里得（撰写几何原本）
阿基米德（计算圆周率、球体体积等）

◢ 勇敢的开拓者们

　　古希腊数学，从泰勒斯到柏拉图的时代取得了辉煌的成就，积累了成百上千的命题。但是，这些命题都散落在不同的地方或个人手中，且它们之间的关系比较松散，对于学习和应用来说都很不方便。因此，把这些成果进行集中、整理，写出一本书，形成一个严整的几何体系，已是很迫切的需求了。

　　尽管公理的选择、定义的给定、内容的编排、方法的运用，特别是命题的严格证明都需要有高超的智慧并要付出巨量的劳动，还是先后涌现出多位勇敢的开拓者，他们就像利用砖石来建造大厦的建筑师。这些开拓者包括希波克拉底、勒俄、修迪奥斯等，但最终经得起历史考验的，只有欧几里得和他的《原本》。《原本》历尽沧桑而没有被淘汰，表现出顽强的生命力，它的公理化思想和方法将继续照耀数学前进的道路。

 ## 罗马帝国与罗马数字

 ### 数学遭受重创

公元前4世纪，雅典、斯巴达等城邦国家开始衰落，被马其顿王朝征服。公元前146年，希腊沦为罗马帝国的一个省。罗马帝国时期（公元前27年—公元476年），罗马皇帝以军事为自己的职业，拒绝用国家财富支持科学事业，再加上基督教取得统治地位，他们嘲笑数学、天文学和物理学，焚毁希腊图书，科学因而受到重创。公元395年，罗马帝国分裂为东、西两部分。西罗马帝国仍定都罗马，公元476年灭亡。东罗马帝国的都城君士坦丁堡，是在古城拜占庭的基础上建起来的，因此东罗马帝国也称拜占庭帝国。公元529年，东罗马帝国查士丁尼一世勒令关闭雅典著名的柏拉图学园，严禁研究与传播数学，数学再次遭受沉重打击。随后，世界科学中心伴随着阿拉伯文明的崛起转至东方。

罗马数字的诞生

古罗马人为了计算和贸易的需要，在公元前6世纪前后发明了一套数字符号，后来逐渐演变出一套美观端庄且书写简洁的符号：I（1）、V（5）、X（10）、L（50）、C（100）、D（500）、M（1000）。罗马数字是五进制和十进制简单罗列合用。有了这7个基本符号，其他的自然数便可以用一定规则组合表示，即"重

意大利马乔列广场塔楼的钟面

复几次""左右加减"的规则。例如字母"I"表示数字1，两个字母"I"，即"II"表示数字2；字母"V"表示数字5，在"V"左侧加上字母"I"，表示从5中减去数字1，即"IV"表示数字4；在"V"右侧加上字母"I"，表示5加上1，即"VI"表示数字6。

罗马数字的余热

由于罗马数字的表述相对繁杂，它在公元12世纪前后逐渐被简明的印度 - 阿拉伯数字所取代。但是由于罗马数字符号形状端庄美丽，因此它并没有完全消失在人们的生活中，在某些场合下至今还发挥着余热，如书本中的卷数、章节的序号，钟表和分类的符号，都有用罗马数字来表示的，但是一般不超过I、V、X三个数字的变化范围，它的记数和运算功能早已退出历史舞台。目前，国际上仍然用罗马数字来表示《原本》中的卷号，因此大家需要记住从1到13的罗马数字符号：I、II、III、IV、V、VI、VII、VIII、IX、X、XI、XII、XIII。在本书中涉及《原本》命题时会使用罗马数字表示命题所在卷号。

《几何原本》里不都是几何

我们在前面解释过《几何原本》书名中"几何"一词的由来及含义，因此《几何原本》一书中并不都是今天几何学范畴的内容，下面让我们看一下该书各卷内容概要。

卷 次	定 义	公 设	公 理	命 题	中心内容
第 I 卷	23	5	5	48	直线图形
第 II 卷	2	0	0	14	面积的变换（几何代数）
第 III 卷	11	0	0	37	关于圆的理论
第 IV 卷	7	0	0	16	圆内接、外切多边形
第 V 卷	18	0	0	25	一般量的比例理论
第 VI 卷	4	0	0	33	比理论应用于相似形
第 VII 卷	22	0	0	39	数论（约数、倍数、整数的比例）
第 VIII 卷	0	0	0	27	数论（等比级数、连比例、平方立方数）
第 IX 卷	0	0	0	36	数论（素数定理、偶数与奇数理论）
第 X 卷	16	0	0	115	无理量
第 XI 卷	28	0	0	39	立体几何
第 XII 卷	0	0	0	18	求积论（穷竭法）
第 XIII 卷	0	0	0	18	正多面体
共 计	131	5	5	465	

《原本》是欧几里得把当时许多数学著作中的不同内容重新组织后写的一部数学知识总结，共十三卷，但是其内容在整体上并不十分统一。这里要说明的是，除了算术计算的具体方法外，《原本》的内容以不同的形式包括了古代早期几乎所有的数学知识，但它的方法与古代截然不同。早期文明的数学把解决问题的数值算法看得特别重要，而欧几里得的数学与算术完全不同，他的著作中

不包括测量，没有单位，只涉及少量的正整数，而对角的测量标准只是直角。

虽然《原本》内容在整体上并不统一，但在结构上却是完整的，著作的前六卷对二维平面几何做了比较完整的论述，其中包括亚里士多德对数和量的基本区分，第七卷到第九卷讲述了初等数论，第十卷引入了公度量和不可公度量的概念，第十一卷到第十三卷讨论了三维立体几何。

数学世界的"圣经"

1482年坎帕努斯版《原本》内页（这是在威尼斯印刷的拉丁文版，也是《原本》的第一个印刷本）

欧几里得在数学史上的声名显赫，得益于他编纂的《原本》。这部著作对西方文明有着深远的影响，人们一个世纪又一个世纪地研究、分析和编辑此书，直至现代。据说在西方文明的全部书籍中，人们研究欧几里得《原本》的仔细程度仅次于《圣经》。今天，人们一般认为，在所有这些定理中，只有少部分是欧几里得本人独创的。尽管如此，从希腊整个数学体系来看，他创造了一座数学宝库，这部编排井井有条的命题集是那么成功，受到那么多人崇拜，以致所有前人的类似著作都相形见绌。欧几里得的著作很快便成为一种标准，比如当一个数学家说到《原本》命题I.47时，无须多做解释，人们就知道这指的是《原本》第I卷中的命题47。

除了欧几里得的《原本》之外，没有一本数学著作堪称"数学界的'圣经'"。罗马帝国没落后，阿拉伯学者将《原本》带到了巴格达；文艺复兴时期，《原本》再度出现在欧洲；明末清初，在"西学东渐"的背景下，《原本》来到了中国，直至今天，其影响依然十分深远。两千多年来，《原本》已经有两千多个版本问世，这个数字足以使今天数学教科书的编纂者们羡慕不已。

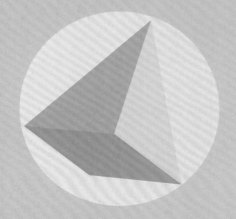

第三部分　　《原本》的主要内容

 定义、公设和公理

 定义

正如亚里士多德所言，科学著作必须从定义和公理开始，因此《原本》中很多卷的开始都对要讨论的对象下定义。我们下面以《原本》第 I 卷开始部分的定义为例，来了解一下欧几里得《原本》中定义的特点。

- **点**是没有部分的。
- **线**只有长度而没有宽度。
- **一线**（不一定是直线）的两端是点。
- **直线**是它上面的点一样地平放着的线。
- **面**只有长度和宽度。
- **面**的边界是线。
- **平面**是它上面的线一样地平放着的面。

🌷 **平面角**是在一平面内但不在一条直线上的两条相交线相互的倾斜度。

🌷 当包含角的两条线都是直线时，这个角叫作**直线角**。

🌷 当一条直线和另一条横的直线交成的邻角彼此相等时，这些角的每一个被叫作**直角**，而且称这一条直线**垂直**于另一条直线。

🌷 大于直角的角叫作**钝角**。

🌷 小于直角的角叫作**锐角**。

🌷 **边界**是物体的边缘。

🌷 **图形**是被一个边界或几个边界所围成的。

🌷 **圆**是由一条线包围成的平面图形，其内有一点，这个点与这条线上的点连接成的所有线段都相等。

🌷 ......

🌷 **平行直线**是在同一平面内的直线，向两个方向无限延长，在不论哪个方向它们都不相交。①

按照现代定义的标准，欧几里得的前面几个定义并无实际意义。尤其是在今天，我们对诸如"点""直线"等均不做定义。受亚里士多德影响，欧几里得不只是用这些定义解释特定的词语，还用来说明所定义的对象是存在的，因此他对点、线、直线、面、平面和平面角的定义，有助于我们理解这些抽象的概念，在头脑中形成某些图像。

————————
① 本书《几何原本》原文引自陕西科学技术出版社兰纪正、朱恩宽译《几何原本》，有少量改动。

1482年坎帕努斯版《原本》第Ⅰ卷定义

5条公设

亚里士多德曾说，我们必须接受某些命题是正确的，欧几里得把这些命题分为两类，第一类是几何学中特有的真理——公设，欧几里得在第I卷定义后便给出了全部5条公设。

♡ 由任意一点到另外任意一点可以画直线。

♡ 一条有限直线可以继续延长。

♡ 以任意点为心及任意的距离可以画圆。

♡ 凡直角都彼此相等。

♡ 同平面内一条直线和另外两条直线相交，若在某一侧的两个内角的和小于二直角的和，则这两条直线经无限延长后在这一侧相交。

《原本》中的命题包括定理和作图题。定理指的是能够根据假定条件、公理、公设和定义，利用逻辑推理得到的结论。作图题指的是由已知的几何对象找出或作出满足特定性质的图形，而前3条公设是作图的基础。毋庸置疑，公设4是成立的，因为欧几里得把直角作为角的测量标准，另外，公设4对理解公设5是必要的。公设5是欧几里得的5条公设中最为复杂的一条，它不像前面4条那样不证自明，谁也不知道两条直线无限延长之后的情况，最终关于"第5公设"的研究导致了"非欧几何"的诞生。关于第5公设，我们在后面的非欧几何部分还会继续讨论。

5条公理

在公设之后，欧几里得总结出了对所有学科都成立的真理，他把它们称为公理，一共5条公理——

♡ 等于同量的量彼此相等。
♡ 等量加等量，其和仍相等。
♡ 等量减等量，其差仍相等。
♡ 彼此能重合的物体是全等的。
♡ 整体大于部分。

这些公理是不证自明的，欧几里得在许多几何问题中应用了这5条公理，事实上，我们在今天的数学证明中也经常会用到这些内容。可以说，欧几里得所给出的5条公设和5条公理是整个欧几里得几何这座大厦的根基。

《原本》中的尺规作图问题

作图是人类认识大自然智慧的体现。人类不同文化的发展有着相似之处，例如在中国很早就有"不以规矩，不能成方圆"的记载（《孟子·离娄上》），早在《原本》问世之前，埃及、希腊同样有几何图形的绘制问题。图形的绘制只能用尺规的限制最早是伊诺皮迪斯提出的，后来《原本》用公设的形式规定下来，于是成为希腊几何的金科玉律，在此之后一个相当长的时期内，是数学中的重要研究课题。

《原本》中第一道作图问题——命题 I.1

《原本》中第 I 卷的许多定理是我们中学阶段初等几何的内容，如果不考虑定理的证明，其中许多定理本身可以追溯到早期希腊几何，欧几里得的工作也只是进行了整理。第 I 卷的前三个命题都是作图问题，下面我们以命题 I.1 为例来看一下《原本》中的作图问题。

命题 I.1：在一条已知有限直线上作一个等边三角形。

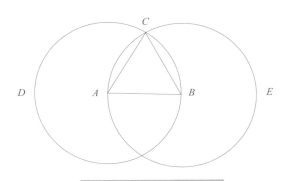

《原本》命题 I.1 附图

欧几里得的方法如下：如图，设 AB 是已知线段，以点 A 为圆心、线段 AB 为半径作圆 BCD；再以点 B 为圆心、线段 BA 为半径作圆 ACE。连接 A、B 和两圆的一个交点 C 后得到的三角形 ABC 即所求的等边三角形。欧几里得的证明方法如下：因为 A 是圆 BCD 的圆心，所以 AC 等于 AB；又 B 是圆 ACE 的圆心，所以 BC 等于 AB。既然 AC 和 BC 都等于 AB，那么根据等于同量的量彼此相等这条公理可知，AC、AB 和 BC 三者相等，故三角形*ABC*是等边三角形。

事实上，两千多年前的《原本》并不完美，后世的许多注释者都指出这个作图方法存在逻辑缺陷，欧几里得怎么知道圆*BCD*与圆*ACE*相交呢？这必须用到连续性的公设，也可能是因为这样的公设太明显了，所以欧几里得才没有给出，但事实上，连续性公设直至19世纪才提出。

上述《原本》命题I.1中的作图问题及方法也是我们今天中学课本中的内容，除此之外，中学课本里的许多初等几何作图问题在《原本》中都可以找到出处，如以下几个作图问题：

命题I.2：由一个已知点（作为端点）作一线段等于已知线段。

命题I.9：二等分一个已知直线角。

命题I.11：由已知直线上一已知点作一直线和已知直线成直角。

……

这样的作图命题还有很多，此处不再赘述。

几何作图"三大难题"

希腊的尺规作图问题最早可以追溯到公元前5世纪的智者学派，该学派以重视逻辑而著称，他们主要研究几何作图问题。这样做的目的是培养和锻炼人类的逻辑思维能力，提高智力。尺规作图问题的困难之处在于作图只允许用无刻度的直尺和圆规，同时必须在有限步骤内完成。这里需要注意的是，希腊人的兴趣其实并不在于作出图形，而是在尺规的限制下从理论上去解决这些问题。这是几何学从实际应用向演绎体系靠近的又一步。正是由于尺规作图的限制，才导致智者学派遗留了以下"三大难题"。

第一，**化圆为方问题**。圆与正方形都是常见的几何图形，但如何作一个和已知圆等面积的正方形呢？若已知圆的半径为1，则其面积为π，所以化圆为方的问题等于去作一个面积为π的正方形，也就是用尺规作出长度为$\sqrt{\pi}$的线段作为正方形边长。该问题直到1882年才被德国数学家林德曼证明是不可能用尺规作出的。

第二，**三等分任意角的问题**。对于某些角（如90°、180°）进行三等分并不难，但是否所有角都可以三等分呢？该问题直到1837年，才由法国数学家旺策尔给出否定答案。

第三，**倍立方体问题**。求作一正方体，使其体积等于已知正方体的两倍。埃拉托色尼曾经讲过一个神话，说有一个先知得到神谕，必须将正方体祭坛的体积加倍，有人主张将边长加倍，但我们都知道那是错误的，因为那样体积会变成原来的8倍。该问题同样直到1837年才由旺策尔给出否定答案。

尺规作图的"能"与"不能"

欧几里得在《原本》第
IV 卷中讨论了某些圆内接和
外切正多边形的作图问题，
其中包括正三角形、正四边
形、正五边形、正六边形，
甚至还有正十五边形。

显然，通过作正多边形
每条边上的垂直平分线与其
外接圆的交点，便可以求得
上述这些正多边形的连续偶
数倍的正多边形，例如通过

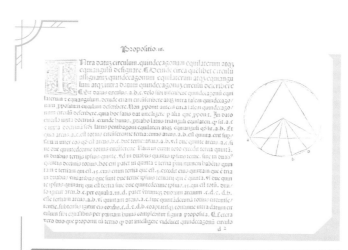
1482 年坎帕努斯版《原本》命题 IV.16 的正十五边形作图

正三角形可以求作正六、正十二、正二十四、正四十八……边形。但是对于有些正多边形，欧几里得却只字不提，如正七边形、正九边形、正十七边形、正十九边形等。可能的解释是欧几里得尝试过这些正多边形的作法，却没有作出，干脆不提。这些正多边形的作图问题，引起人们越来越浓厚的兴趣，很多年来，很多人尝试着利用尺规作出各种正多边形。1796 年，十九岁的高斯便给出了正十七边形的尺规作图方法，并做了详尽的讨论。

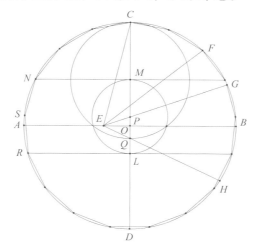
高斯给出的正十七边形的尺规作图

卡尔·弗里德里希·高斯
(Carl Friedrich Gauss,
1777—1855)

欧几里得所提出的尺规作图正式列入《原本》，以公设的地位体现了尺规的"能力"。高斯并不满足于寻求个别正多边形的作图方法，他希望能找出一种方法，来判断哪些正多边形可以利用尺规作出，哪些不能作出。1801年，高斯公布了新的研究成果——判断一个正多边形"能作"或"不能作"的准则。这个结果震惊了数学界，从此用直尺和圆规作正多边形问题得到了圆满的解决。由这个准则可以知道，正七边形、正九边形、正十九边形等都是尺规无法作出的。

无法解决的几何作图"三大难题"

千百年来，许多数学家在几何作图"三大难题"上都付出了巨大的心血，刚刚说了，尺规"能力"是有限的，那么，在作图中，直尺和圆规究竟能做什么呢？

- 通过两点来作直线；
- 以已知点为圆心，已知线段为半径作圆；
- 定出两条已知非平行直线的交点；
- 定出两个已知圆的交点；
- 定出已知直线与已知圆的交点。

17世纪，法国数学家勒内·笛卡儿进一步完善了解析几何知识，将几何问题转化为代数问题研究，从而也为解决"三大难题"提供了有效的工具。

1837年，旺策尔发现，直线方程是线性（一次）的，而圆的方程是二次的。通过上述五种手段所能作出的交点问题，可以转化为求一次方程组与二次方程组的解的问题。通过直尺与圆规所能作出的，只能是已知线段（长度）的和、差、积、商以及开平方的有限次组合，这就从根本上论证了尺规作图"三大难题"的不可能性——

勒内·笛卡儿
(René Descartes, 1596—1650)

1. 化圆为方，需要作出数 $\sqrt{\pi}$ 的值。1882年，林德曼证明了 π 是超越数，不能利用尺规解决作图问题。

2. 三等分任意角，如果记 $a=\cos A$，要作出角度 $\frac{A}{3}$，也必须作出相应的余弦值 $x=\cos\frac{A}{3}$，由三倍角公式，此时 x 是方程 $4x^3-3x-a=0$ 的解。这是不能通过尺规解决的问题。

3. 倍立方体，需要作出数值 $\sqrt[3]{2}$，这是不可能用尺规解决的问题。

至此，几何作图"三大难题"已得出结论：不可能解决。但是应注意，其前提是尺规作图，如果不限于尺规，就会变成可能。

 逻辑的力量

人们不禁要问：是什么原因使欧几里得几何有如此迷人的魅力呢？究竟是什么力量能激发起人类这么大的热情呢？除了几何学本身所包含的广博知识，欧几里得几何展现出了强大的逻辑力量。这种逻辑力量在于它运用了"公理化"的方法，即从少数原始定义和少数不需要加以证明的公理、公设出发，通过逻辑推理，导出全部几何知识。下面让我们首先通过《原本》命题I.5"等腰三角形的底角相等"的证明，来领略一下公理化证明的魅力吧。

 驴桥问题

特殊的命题I.5

《原本》中命题I.5虽然是全书第二条定理（第一条定理是命题I.4），但是它却给人留下了特殊的印象。该命题为：在等腰三角形中，两底角彼此相等。现在看来，这个定理的证明并不难，通过作顶角的平分线就可以得出。但是《原本》第I卷，作角的平分线是命题I.9，因此证明命题I.5时是不允许使用的。为了用前面4条命题去推证命题I.5，欧几里得用了较长的篇幅。我们首先看一下前5条命题的内容：

♡ 命题I.1：在一条已知有限直线上作一个等边三角形。

《原本》命题 I.5 的证明
（纳西尔·丁·图西翻译的阿拉伯文版
《原本》）

♡ 命题I.2：由一个已知点（作为端点）作一线段等于已知线段。

♡ 命题I.3：已知两条不相等的线段，试由大的上边截取一条线段使它等于另外一条。

♡ 命题I.4：如果两个三角形中，一个的两边分别等于另一个的两边，而且这些相等的线段所夹的角相等，那么，它们的底边等于底边，三角形全等于三角形，这样其余的角也等于相应的角，即那些等边所对的角。

♡ 命题I.5：在等腰三角形中，两底角彼此相等，并且若向下延长两腰，则在底以下的两个角也彼此相等。

命题I.5的论证

下面是命题I.5证明的全过程。设 ABC 是一个等腰三角形，边 AB 等于边 AC，分别延长 AB、AC 成直线 BD、CE。（根据公设2：一条有限直线可以继续延长）现要证明角 ABC 等于角 ACB，且角 CBD 等于角 BCE。

在 BD 上任取一点 F，且在较长的 AE 上截取一段 AG 等于较小的 AF（命题I.3：已知两条不相等的线段，试由大的上边截取一条线段使它等于另外一条），连接 FC 和 GB（公设1：由任意一点到另外任意一点可以画直线）。

因为 AF 等于 AG，AB 等于 AC，两边 AF、AC 分别等于边 AG、AB，且它们包含着公共角 FAG，所以三角形 AFC 全等于三角形 AGB，底 FC 等于底 GB，其余的角也分别相等，即相等的边所对的角，也就是角 ACF 等于角 ABG，角 AFC 等于角 AGB（命题I.4：边角边定理）。

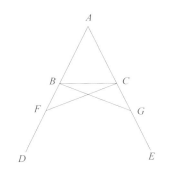

《原本》命题 I.5附图

因为 AF 等于 AG，且在它们中的 AB 等于 AC，余量 BF 等于余量 CG，已经证明了 FC 等于 GB，所以，两边 BF、FC 分别等于两边 CG、GB，且角 BFC 等于角 CGB。这里的 BC 是公用的，所以三角形 BFC 全等于三角形 CGB。等边所对的角也相等，所以角 FBC 等于角 GCB，且角 BCF 等于角 CBG。

已经证明了角 ABG 等于角 ACF，且角 CBG 等于角 BCF，那么角 ABC 等于角 ACB，它们都在三角形 ABC 的底边上，从而也证明了角 CBD 等于角 BCE。

翻越这座"桥"

这个定理的证明难住了许多初学者，有的人甚至因此放弃了几何学的学习。这条定理的图形结构像一座桥，因此人们戏称它为"驴桥问题"（Asses' Bridge），用以形容初学者很难越过它，能过桥者就是聪明人，所以小读者们一定要努力过桥，可不要刚学

到第五个命题就放弃了。中世纪之后，许多大学都把《原本》的第I卷作为重点给学生们讲授，这是掌握逻辑推理方法的很关键的第一步。学好了第I卷，也就为学好整个《原本》打好了基础，几何学习也就入门了。自古以来，几何教学都是从《原本》开始的。

从形式逻辑到布尔代数

亚里士多德与三段论

人们习惯用"逻辑性强"来形容一个人的言语或思想有条理，有规律，那么什么是逻辑呢？所谓逻辑就是思维的规律，逻辑学就是关于思维规律的学说。形式逻辑狭义上是指演绎逻辑，广义上还包括归纳逻辑。公元前384年，亚里士多德出生于马其顿一个贵族家庭，十八岁时被送到雅典的柏拉图学园学习，他一生最大的贡献之一在于创建了形式逻辑理论。亚里士多德认为，逻辑论证应该建立在三段论的基础上，三段论是指由所陈述的事情必定可以得出另外的某些结论的论证过程。例如：

猴子是灵长目动物，而灵长目动物是哺乳动物，那么猴子是哺乳动物。

这是三段论的一种类型，亚里士多德在澄清三段论的原则后解释道，三段论推理使我们可以用"旧知识"得出新结论。除了代表演绎推理的三段论之外，亚里士多德还提出了归纳推理、归谬法、例证法等不同的逻辑形式。在亚里士多德看来，逻辑学是一切科学的工具，他试图将这些逻辑方面的发现运用到科学理论上来。

假言推理

公元前3世纪，斯多亚学派（The Stoics）的克里西普斯以亚里士多德的形式逻辑理论为基础，对数学证明中的基本论证形式进行了分析。克里西普斯指出，数学证明以命题为基础，有以下几种形式（其中p、q、r分别代表命题）：

1. 假言推理

如果p，那么q；

p，

因此，q。

2. 否定后件律

如果p，那么q；

非q，

因此，非p。

3. 假言三段论

如果p，那么q，

如果q，那么r，

因此，如果p，那么r。

4. 选言三段论

要么p，要么q；

非p，

因此，q。

事实上，无论《原本》命题的证明过程多么复杂烦琐，其每一步的推导过程基本属于上述几种推理方式，直至今天，我们在数学推理论证的过程中也是如此。这种看似刻板、枯燥的逻辑学不仅存在于数学证明中，今天大家口袋中的智能手机、背包中的笔记本电脑也都与逻辑有关。

用连词等来推理的布尔代数

19世纪，英国数学家乔治·布尔创建了"布尔代数"理论。布尔代数使用的不是传统代数的加、减、乘和除，而是运用"与""或"和"非"。例如下面的这个"与"关系的复合命题：

阳光明媚，且奶牛在山丘上吃草。（与）

$$Y + X = 1$$

在这个命题中，如果阳光和奶牛的命题是真的，那么最后的复合命题也是真的。如果任何一个简单命题是假的，或者两个都是假命题，则整个复合命题也为假。

布尔代数的目的是将推理拆散为基本的逻辑关系，布尔的创新之处在于可以使用数学符号来表示命题的逻辑论证。如果用 X 和 Y 分别表示关于阳光和奶牛的命题，则可以将两个命题相加，得到一个真值：1 代表真，0 代表假。此处"与""或""非"这些词不仅仅是抽象的概念。

逻辑门在计算机领域的运用

由于布尔代数在当时过于超前，在计算机上的大规模应用到一个多世纪之后才得以实现。20 世纪 30 年代，美国工程师利用逻辑门这种实际的物理形式来表示布尔代数中的这些词，最终，这些逻辑门被集成到了晶体管和计算机芯片中，支撑着计算机每天做基本运算。所有运算的基础都是电子形式的"真"或"假"，所以，在艳丽的计算机屏幕下面，跳动着的是一颗数学的心脏。

《原本》的贡献

逻辑清晰的证明

在《原本》的 465 个命题中，绝大部分是前人已经得出的结论，并非欧几里得所原创。毕竟早在泰勒斯时代，希腊数学家就已经能给出命题的证明。欧几里得最大的贡献在于，他巧妙地把这数百个命题排成一个清晰明确、有条不紊、逻辑严谨的有序链。

$$C=2(a+b)$$
$$S=ab \quad S=\pi r^2 \times (a/360°)$$

$$C=\pi d=2\pi r$$
$$S=\pi r^2$$
$$\quad =\pi d^2/4 \quad S=(a+b)h/2$$
$$\quad \quad \quad \quad =mh$$

$$S=ah/2$$
$$\quad =ab/2 \cdot \sin C$$
$$\quad =[S(S-a)(S-b)(S-c)]^{1/2}$$
$$\quad =a^2$$

　　《原本》中首先给出的23条定义、5条公设和5条公理，都是欧几里得体系的基础，是"已知"。利用这些基础，他首先证明了第一个命题。然后以第一个命题为基础，结合相应的定义、公设和公理，他又证明了第二个命题。如此循序渐进，直至逐条证明了所有的命题。

　　这种证明方法的优越性十分明显，其一就是可以避免循环推理，因为每一个命题都与之前的命题有着十分清晰而明确的递进关系，追本溯源，它们都是由最初的公设和公理推导出来的。这种推理方式还有一个优点，就是能够明确判别任何命题所依赖的作为前提的其他命题，因此如果需要改变或废弃某一基本公设，我们就能推断出可能会出现哪些变化。

　　例如存在争议的欧几里得第5公设，就出现了这样的问题，引发了数学史上一次持续时间最长、意义最深远的辩论。我们在后面的非欧几何部分会详细论述。

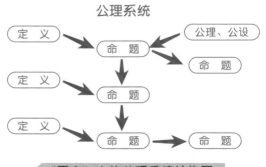

《原本》中的公理系统结构图

公理化体系的典范

尽管欧几里得几何在推导演绎的过程中并非尽善尽美，但是《原本》依然构建了人类有史以来第一个公理系统，它为数学的发展提供了一个典范。爱因斯坦曾高度评价了欧几里得的贡献，他说："在逻辑推理上的这种令人惊叹的胜利，使人们为人类的未来成就获得了必要的信心。"

欧几里得的《原本》不仅为数学科学，而且为其他科学树立了一个光辉的榜样。它启示人们，在众多的事物中，要努力找出那些最为基本的东西，把它们作为讨论的出发点，然后一步一步地推导，以演绎出各种各样的结论，直至建立他们的理论。正是受欧几里得几何的影响，牛顿才把他的三条运动定律作为其他一切讨论的基本出发点与基本依据。

$$F = G\frac{m_1 m_2}{r^2}$$

$$F = m\frac{dv}{dt}$$

$$F = ma$$

从《原本》第 5 公设到非欧几何

从《原本》诞生至今，几何学研究方法最大的变化，是 17 世纪法国数学家勒内·笛卡儿和皮埃尔·费马通过建立坐标系，把数学中的两大主角——几何学和代数学——简明而有力地结合起来，其结果是微积分的产生和大量地运用解析法研讨自然现象。虽然研究方法和研究工具发生了巨大的变化，但是在 19 世纪以前，几何学体系始终是欧氏几何一统天下。但是到了 19 世纪初，这种局面被打破，先后出现了与欧氏几何类似的另外两种几何，并在较短的时间内形成了三足鼎立的局面，而这一切都要从《原本》第 5 公设谈起。

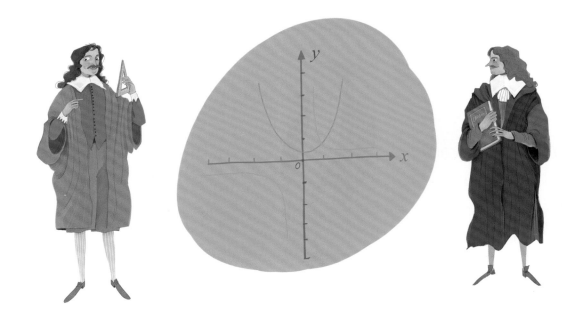

《原本》中"另类"的第5公设

第5公设是什么

严谨的古希腊人认为，数学命题的证明，每一步都应该有确切的依据，这里所谓的"依据"就是公理和公设、命题本身的假设，以及此前已经证明过的命题。除此之外，不允许以任何其他东西作为依据。因此，欧几里得需要列出这些极为明显的事实作为公理和公设，尽管有些话简直是"废话"，这足以表明欧几里得在《原本》中推理的严谨性。

在所有的公理和公设中，最为特殊的是"第5公设"：

这里有公理可以做证明吗？

♡ 同平面内一条直线和另外两条直线相交，若在某一侧的两个内角的和小于二直角的和，则这两条直线经无限延长后在这一侧相交。

如果用今天的数学语言表示，即如果直线 l 与直线 m 和 n 相交之后所成角 1 与角 2 的和小于两直角，那么直线 m 和 n 最终要在 A 的方向上相交。

《原本》第 5 公设图示

长达两千年的争议

在《原本》第 I 卷中关于三角形性质的一些命题后面，欧几里得从命题 I.27 开始讨论平行线这一概念，在随后的一些命题中，他开始应用有争议的第 5 公设。第 5 公设的现代表述通常称为"平行公设"：过给定直线外一点，可以作一条直线且只能作一条直线与已知直线平行。

从一开始，第 5 公设就引起了人们广泛的争议。很多人认为这条公设在叙述上形式复杂，不像其他公设那样简单明了，看上去更像是一条定理。曾有不少人认为第 5 公设并不独立于其他公设，并试图用其他的公设推出第 5 公设。这种试图证明第 5 公设的努力旷日持久，直到非欧几何的诞生为止，长达两千多年。在两千多年的漫长岁月里，不知有多少位数学家卷入

这股风潮，并为证明第5公设而耗用了自己大量的精力。

"暗无天日"的证明之路

不幸的是，所有的这种努力都毫无例外地失败了。其中不少数学家一度宣称自己证明了第5公设，但后人发现，在他们的证明中实际上用到了与第5公设等价的命题，因此证明是无效的。在无数次的失败面前，人们对证明第5公设心灰意冷。匈牙利数学家鲍耶在写给正在研究第5公设的儿子的信中说：你会在这上面耗费掉所有的时间，终身不能证明这个命题。……这种暗无天日的黑暗将吞没数千位像牛顿那样的杰出天才。它任何时候也不会在这个世界上明朗化，它不会让不幸的人类在几何上取得成功，这将是永远留在我心中的巨大创伤。

与第5公设等价的命题

在探索第5公设的两千多年中，无数的失败同时也给人们带来了一些重要的收获，那就是人们得到了一系列与欧几里得第5公设相等价的命题，而这些命题本身看上去是那样自然，以致某些研究者误以为它们自然成立，从而导致许多人误以为自己证明了第5公设。人们认识到，欧几里得第5公设与下面命题中的任何一个都是等价的：

平行公设；

三角形内角和等于180°；

有矩形存在；

有相似而不全等的三角形存在；

三角形的面积可以任意大。

上述五个命题中的任何一个，再加上前面4条公设，就能推出第5公设。换言之，证明了其中任何一个命题，也就证明了第5公设。

人类经验的局限性

经过海亚姆、萨凯里、克吕格尔、兰伯特等一大批数学家富有建设性的研究，人们逐渐意识到，如果更换第5公设，可能导致一些新的几何现象。这些新几何现象并不会与原有的公理体系产生任何逻辑上的矛盾，但是却与人们通常的观念相矛盾。例如，兰伯特考察了四边形，当三个角是直角，第四个角是锐角时，得出的结论是三角形的面积取决于其内角和。这虽然不与其他的定理产生矛盾，但却脱离了人们的现实经验。

诚然，公理或公设应该与人们的经验相符。但是人们的经验有很大的局限性，即使在拥有高科技的今天，人们的活动范围仍然十分有限，相对于宇宙而言更是十分渺小的。人们对几何图形的了解、认识和经验，不可避免地带着某种局限性，单凭经验，我们根本无法断言"两条直线在无限延长后"会发生什么。也就是说，欧几里得第5公设所涉及的问题早已超出了人类直接经验的范畴。经过数学家们的不懈努力，非欧几何最终诞生。

非欧几何的诞生

高斯的假设

德国数学家高斯是最早认识到可以否定第5公设的人。1824年，高斯在给朋友的信中提到：三角形内角和小于180°，这一假设引出一种特殊的、和我们的

罗巴切夫斯基
（1792—1856）

几何完全不同的几何。这种几何自身是完全相容的，当我们发展它的时候，结果完全令人满意。这一假设相当于把"平行公设"换为：过直线外一点，可以作多条直线与已知直线平行。

高斯由于顾及自己的名声，没有公开发表他的这种与现实几何相悖的新发现。正在高斯犹豫不决的时候，他的一位同学的儿子——匈牙利青年鲍耶把这种几何问题提了出来。1832年，鲍耶发表了题为《关于一个与欧几里得平行公设无关的空间的绝对真实性的学说》的论文。

"几何学的哥白尼"

与高斯、鲍耶同时发现非欧几何的另一位数学家是俄国人罗巴切夫斯基。1823年，他用命题"过直线外一点有且仅有两条直线与已知直线平行"代替第5公设作为基础，保留了欧几里得几何学中的其他公理和公设，经过严密的逻辑推理，逐渐建立了一套新的几何体系。1826年2月11日，罗巴切夫斯基在喀山大学物理－数学系做了题为《关于几何原理的扼要叙述及平行线定理的一个严格证明》的报告，后来人们将这一天定为非欧几何的诞生日，而罗巴切夫斯基也被称为"几何学的哥白尼"。

黎曼几何

1854年，德国数学家伯恩哈德·黎曼在德国格丁根大学做了题为《论作为几何基础的假设》的报告，发展了罗巴切夫斯基等人的思想，并建立了一种更为广泛的几何。黎曼几何是用命题"过直线外一点所作任何直线都与该直线相交"代替第5公设作为前提，同样保留了欧氏几何中的其他公理和公设，经过逻辑推理建立起新的几何体系。黎曼可以说是最先理解非欧几何全部意义的数学家。

伯恩哈德·黎曼
(Georg Friedrich Bernhard Riemann, 1826—1866)

黎曼几何在爱因斯坦的广义相对论中得到了重要应用。爱因斯坦认为，时空在充分小的空间中是近似均匀的，但是整个时空却不均匀，这与黎曼几何的观念相同。人们都认为是爱因斯坦创立了相对论，但这是他和数学家们共同的成果。非欧几何的创立引起了关于几何观念和空间观念最深刻的革命。

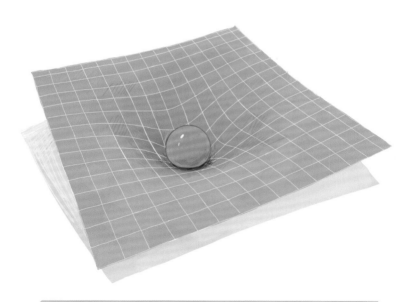

时空由于物质的存在而弯曲，这与黎曼几何的观念相通

三种几何学

相互矛盾的真理

　　欧氏几何、罗氏几何、黎曼几何各自所有的命题都分别构成了一个严密的公理体系，各自的公理之间满足相容性、完备性和独立性。它们都是真理，但为什么会有着相互矛盾的结论呢？这是因为客观事物是复杂多样的，在不同的客观条件下，会有着不同的客观规律。三种几何的适用范围不同：

　　欧氏几何——日常小范围；

　　罗巴切夫斯基几何——太空漫游或原子世界；

　　黎曼几何——地球上长距离旅行。

　　这三种几何学都拥有除平行公理以外的欧几里得几何的所有公理体系，如果不涉及与平行公理相关的内容，三种几何学没有区别。但是只要涉及平行，

三种几何学的结果就相差甚远。例如欧氏几何中，三角形内角和等于180°；黎曼几何中，三角形内角和大于180°；而罗氏几何中，则小于180°。不同几何学中三角形的形状如上页图。

初等几何教育何去何从

那我们在初等教育阶段应如何对待欧氏几何呢？事实上，历史给了我们最好的答案。由于非欧几何的产生，19世纪70—80年代，英格兰几乎所有热衷于数学的人都卷入到关于初等几何教科书最佳形式的讨论中。有些人主张放弃拿着欧几里得的书照本宣科，而应采用更活泼的教学法，不要在枯燥的逻辑推理中打转。

反对几何教科书改革的代表人物数学家德·摩根认为，欧几里得的严谨逻辑训练是青年学子获得清晰正确思想的最佳选择。另外，因出版脍炙人口的《爱丽丝漫游奇境》而出名的数学家刘易斯·卡罗尔，在1879年出版的《欧几里得与其当代对手》中强调，学习欧几里得几何的意义不仅仅在于几何学本身，它还有重要的历史与人文价值。最终，欧氏几何在世界上大多数国家的初等教育中被保留，而罗氏几何和黎曼几何则在高等教育的相关专业中等待着大家去探索。

千古第一定理：勾股定理

 什么是勾股定理

勾股定理是数学中最伟大的定理：它是联系数学中最基本、最原始的两个对象——数与形——的第一定理。我们首先来了解一下什么是勾股定理，欧几里得在《原本》命题I.47中叙述道：

在直角三角形中，直角所对的边上的正方形等于夹直角两边上正方形的和。

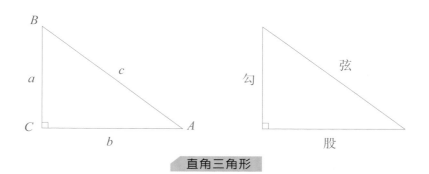

直角三角形

若直角三角形两直角边分别记为 a、b，斜边记为 c，那么：$a^2 + b^2 = c^2$。中国古代将直角三角形中短的直角边称为勾，长的直角边称为股，斜边称为弦，则勾股定理为：勾^2+股^2=弦^2。

《原本》命题I.48是勾股定理的逆定理：如果在一个三角形中，一边上的正方形等于这个三角形另外两边上正方形的和，则夹在后两边之间的角是直角。

 古埃及人的智慧

勾股定理的发现、验证及应用的过程，蕴含着丰富的文化价值，古代很多国家和民族通过劳动实践都或多或少知道勾股定理，对定理有不同程度的认识和了解。古埃及人在肥沃的尼罗河流域创造了灿烂的文明，其文明以古老的象形文字和宏伟的金字塔为象征，从公元前3100年左右到公元前332年，亚历山大大帝消灭最后一个埃及王朝（第三十一王朝）止，前后绵延约3000年。

埃及的尼罗河每年都要泛滥一次，洪水给两岸的土地带来了肥沃的淤泥，却也抹掉了田地间的界线标志。每次洪水退去，人们都需要重新划定田地界线，年复一年就积累了大量的几何知识。

"几何"的英文geometry，其前缀"geo-"就是土地、地球之意，后半部分"-metry"就是测量的意思。埃及的测量员们就是利用打结的绳子进行测量，例如，在一段绳子上面打13个结，每两个结之间相距1个单位长度。首先

把首尾两个结用木桩固定在一起，然后把第4个结和第9个结分别用另外两个木桩固定，同时绷紧绳子，这时得到一个边长分别为3、4和5个单位长度的直角三角形，这本身就是对勾股定理逆定理的应用。

泥版文书里的秘密

幼发拉底河与底格里斯河灌溉的美索不达米亚平原，也是人类文明的发祥地之一。早在公元前4000年，苏美尔人就在这里建立起城邦国家，并创造了文字。当地居民用尖芦管在黏土版上刻写楔形文字，然后将黏土版晒干，这样制作的泥版文书比古埃及的纸草书更易于保存。迄今已有50万块泥版文书出土，其中包含300多块数学文书，且多数泥版文书属于前2000年至前1600年的古巴比伦王国时期。研究表明，古巴比伦人擅长计算，并发展出比较成熟的程序化算法。一块编号为"普林顿322"的古巴比伦时期的泥版上，更是呈现出令人吃惊的大量勾股数组。所谓勾股数组，是指满足勾股定理 $a^2+b^2=c^2$ 的三个数 a、b、c，它们均为正整数，也就是说，它们表示直角三角形的整数边长。

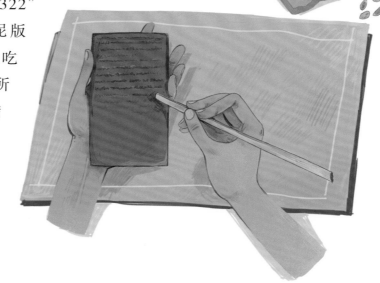

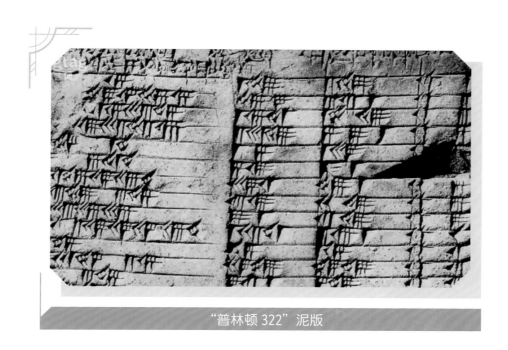

"普林顿322"泥版

如果将"普林顿322"泥版上的楔形文字转换为我们今天使用的十进制印度－阿拉伯数字，就呈现出如下的勾股数组表：

序号	x（a）	y（b）	z（c）
1	119	120	169
2	3367	3456	4825
3	4601	4800	6649
4	12709	13500	18541
5	65	72	97
6	319	360	481
7	2291	2700	3541
8	799	960	1249
9	481	600	769
10	4961	6480	8161
11	45	60	75
12	1679	2400	2929
13	161	240	289
14	1771	2700	3229
15	56	90	106

"普林顿322"泥版中的勾股数组

显然，早期人类在不同的时期、不同的地点发现了勾股数，因此勾股定理应当是全人类共同的精神财富。

 为什么勾股定理在西方称为"毕达哥拉斯定理"

在西方，相传是古希腊数学家毕达哥拉斯最早发现了勾股定理。出生于小亚细亚萨摩斯岛的毕达哥拉斯，年轻时曾游历埃及和巴比伦，回到希腊后定居在今意大利半岛南部的克罗顿，在那里创建了毕达哥拉斯学派。

据传，毕达哥拉斯发现勾股定理之后，学派门人曾宰牛百头，祭神庆祝，因此几乎所有的西方文献都给这条定理冠上了毕达哥拉斯的名字。毕达哥拉斯本人关于勾股定理的证明并没有任何确切记载流传下来，因此引发了后人的种种猜测，其中流传最广的是公元2世纪罗马学者普鲁塔克的复原猜测。普鲁塔克复原的毕达哥拉斯的证明方法，相当于面积剖分法，如下图：

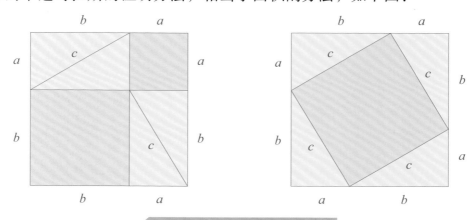

毕达哥拉斯证明勾股定理图示

设直角三角形的两条直角边和斜边分别是 a、b、c，以此直角三角形为基础作两个边长分别为 $a+b$ 的正方形，由于这两个正方形内各含有四个与原来的直角三角形全等的三角形，除去这些三角形后，两个图形中剩余部分的面积相等，即左侧图形中以直角边 a 和 b 为边的两个正方形面积之和等于右侧图形中以斜边 c 为边的正方形面积，这就证明了勾股定理。

 欧几里得证明勾股定理——命题 I.47

希腊数学史上有明确记载的勾股定理证明，首先出现在欧几里得的《原本》命题 I.47 中。如下图所示，首先在直角三角形 ABC 的三边上作正方形 BG、AK 和 CD，如果证明了正方形 BG 和正方形 AK 的面积和等于正方形 CD 的面积，也就相当于证明了勾股定理。首先过点 A 作 $AL \parallel BD$，连接 AD、AE、CF、BK。

证明过程大致如下：

首先证明：三角形 $ABD \cong$ 三角形 FBC（边角边）

由于矩形 $BL = 2$ 三角形 ABD（等底等高）

同理，正方形 $GB = 2$ 三角形 FBC

所以矩形 $BL = $ 正方形 GB

同理可得矩形 $CL = $ 正方形 AK

故有矩形 $BL + $ 矩形 $CL = $ 正方形 $GB + $ 正方形 AK

最后可得正方形 $GB + $ 正方形 $AK = $ 正方形 CD

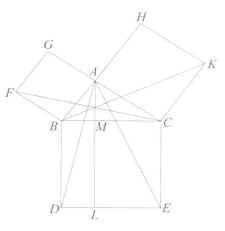

《原本》命题 I.47 附图

EUCLID'S ELEMENTS

 神秘的东方智慧

什么是"规矩"

中国人从上古开始就特别讲究"规矩"。究竟什么是"规矩"呢？其实，规和矩是两种简单的校正工具。"规"指圆规，"矩"是一种曲尺，是按照勾股定理制作和使用的。传说规和矩是中华人文始祖伏羲、女娲创造的，现今保存的一块西汉浮雕上，刻有伏羲手持矩、女娲手持规的图像。关于如何在测量过程中运用勾股术，中华先民积累了丰富的经验。

我国证明勾股定理的第一人

在我国，勾股定理的发现最早可以追溯到公元前2世纪，西汉或更早时期成书的《周髀算经》，这是一部涉及数学、天文知识的著作，其中的部分内容可以远溯至公元前11世纪的西周时期。在《周髀算经》卷上记载了周公与大夫商高讨论勾股测量的一段对话。周公问商高，天没有阶梯可以攀登，地没有尺子可以度量，请问如何求得天之高、地之广呢？商高说，可以按照勾三股四弦五的比例计算。书中虽以文字形式叙述了勾股算法，但并未给出证明，我国证明勾股

定理的第一人是生活于约公元3世纪的吴国人赵爽。

　　赵爽学识渊博，熟读《周髀算经》，并为其撰序作注。他撰写的"勾股圆方图"，附于《周髀算经》的注文中，全文只有530余字，附图6张，阐理透彻。其中第一幅图即"弦图"，由四个红色的三角形（图中标示为"朱实"，古语"朱"即红色，"实"指面积）拼成的一个大正方形，中间围着一个黄色的小正方形（标示为"黄实"）。"勾股圆方图"开门见山地指出："勾股各自乘，并之为弦实，开方除之，即弦。"这正是勾股定理的一般形式。

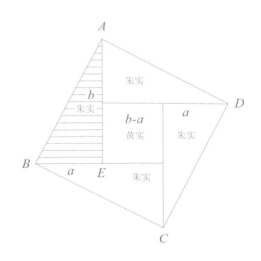

《周髀算经》注文中
描述"勾股定理"证明的"弦图"

赵爽的"出入相补法"

赵爽解释了他的弦图，勾股相乘（ab）等于两个红色三角形的面积，其二倍（$2ab$）等于四个红色三角形的面积。勾股之差（$b-a$）自乘，$(b-a)^2$等于中间黄色小正方形的面积，与前面四个红色三角形拼在一起，等于以弦为边的大正方形的面积，也就是$2ab+(b-a)^2=c^2$。（见上页图）

"出入相补法"在平面上可以理解为：一个平面图形从一处移至他处，面积不变；如果把图形分割为若干块，那么各部分面积的总和等于原来图形的面积。它在平面图形的分割以及移置原则上是任意的，不受条件的限制。其图形的面积关系具有简单的相等关系，无须经过烦琐的逻辑推导，直观性较强，便于读者理解和接受。这样就得到了$a^2+b^2=c^2$，也就证明了勾股定理。

另外，赵爽通过面积"出入相补法"来论证$a^2+b^2=2ab+(b-a)^2$。

上面介绍的赵爽证明勾股定理的方法被美国数学史学家库里奇称为"最省力的

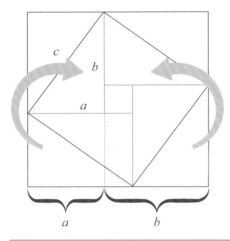

赵爽用面积"出入相补法"证明勾股定理

证明"，而西方希腊数学史权威学者希思指出，这一论证方式与希腊几何思想方式有着"完全不同的色彩"。弦图运用图形面积的出入相补证明了勾股定理，展示了中国古代数学家的智慧与成就。经过艺术处理的弦图被选为2002年北京国际数学家大会的会徽，经各国代表传扬全球。

 ### 美国总统与勾股定理

继赵爽之后，我国魏晋时期著名数学家刘徽、阿拉伯数学家塔比·伊本·库拉、印度数学家婆什迦罗第二、在日本被尊为"算圣"的关孝和等不同文明的大数学家，都先后给出了关于勾股定理的不同的精彩证明。

有趣的是，在勾股定理的众多证明者中，还有一位政治家——美国第二十任总统加菲尔德。加菲尔德在任众议院议员期间，曾在《新英格兰教育学报》上发表过勾股定理的一个简单证法。但对数学感兴趣的美国总统却不止他一人，美国第三任总统杰弗逊曾亲自关注并推进美国的高等数学教育。他起草的《独立宣言》中指出，人人生而平等是不言而喻的真理。把"不言而喻的真理"作为出发点，用数学的语言，就是从公理出发。

美国很多思想家、政治家都接受过欧几里得数学思维的熏陶。亚伯拉罕·林肯还是一位年轻的律师时，便随身带着《原本》。忙完了一天的工作，当别人都已入睡，他还在借着烛光研读《原本》。林肯相信"思维能力像肌肉一样，也可以通过严格的锻炼而得到加强"，1860年，他还自豪地向公众报告说他已"基本掌握了《原本》的前六卷"。

据统计，历史上的不同年代、不同国别的不同人士曾先后给出过四百多种勾股定理的证明方法。一条数学定理，能够受到如此持久而广泛的关注，并且拥有如此多的证法，这不仅在数学史上独一无二，恐怕在整个文化史上也是绝无仅有的，这既说明了它的数学意义，同时反映着它的文化价值。这四百多种不同的证明方法，无疑构成了人类文化史上一道靓丽的风景线。

从几何到代数

在积累了大量的关于各种数量问题的解法后，人们为了寻求有系统的、更普遍的方法，以解决各种数量关系的问题，就产生了以解代数方程为中心问题的初等代数。《原本》中很少涉及计算和度量问题，但是其中的某些命题在代数学的演化过程中却起到了巨大的推动作用，这又是怎么回事呢？首先我们来看《原本》中的"几何代数"。

 《原本》中的"几何代数"

《原本》中第Ⅱ卷与第Ⅰ卷的风格截然不同，第Ⅱ卷主要讨论了不同的矩形与正方形的关系，其中多数都可以用现代的代数符号解释。第Ⅰ卷的命题43—45，第Ⅱ卷中的命题，第Ⅵ卷的命题27—30，可以组成所谓的"几何代数"，即用几何图形表示代数概念和运算。在第Ⅱ卷中，欧几里得从两个定义开始：

♡ 定义1：称两邻边夹直角的平行四边形为矩形。

♡ 定义2：在任何平行四边形面片中，以此形的对角线为对角线的一个小平行四边形和两个相应的补形一起叫作拐尺形。

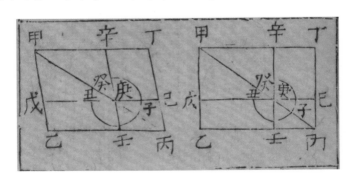

矩形（右）与拐尺形（左，徐光启译为"磬折形"）

第一个定义并没有说明矩形的面积等于其长和宽的乘积，因为欧几里得

58

无法给出任意的长度乘法定义，所以他从未把长和宽相乘。徐光启在翻译《原本》时，给拐尺形起了一个有东方特色的名字"磬折形"，"磬折"原意是屈身如磬，即弯腰，以示恭敬。

《原本》命题II.1便是欧几里得对上面的定义应用的一个例子：

♡ 命题II.1：如果有两条线段，其中一条被截成任意几段，则原来两条线段所夹的矩形等于各个小段和未截的那条线段构成的矩形之和。

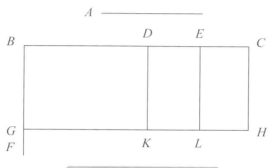

《原本》命题 II.1 附图

这一命题可以说是，已知长 *BG* 和 *BC* 的两条线段，且 *BC* 被分成几部分，如 *BC=BD+DE+EC*，通过这些线段可以确定矩形的面积 *BG·BC* 等于几个小矩形面积之和，即 *BG·BD+BG·DE+BG·EC*。换言之，定理讲的是乘法分配律：$a(b+c+d+\cdots)=ab+ac+ad+\cdots$。

类似的命题II.2、命题II.3、命题II.4所讲述的分别是 $(a+b)a+(a+b)b=(a+b)^2$、$(a+b)a=a^2+ab$、$(a+b)^2=a^2+2ab+b^2$，其他相关几何代数命题此处不再详述。

 隐藏在《原本》中的方程求根公式——命题II.5、II.6

在《原本》第II卷中的这两个命题，可以转换为标准一元二次方程求根公式的几何解释，下面我们来看一下这两个命题。

♡命题II.5：如果把一条线段既分成相等的线段，再分成不相等的线段，则由两条不相等的线段构成的矩形与两个分点之间一段上的正方形的和等于原来线段一半上的正方形。

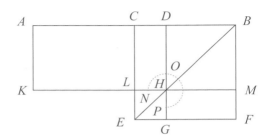

《原本》命题II.5附图

为了更清楚地理解此命题的含义，在上图中，AD记为a，BD记为b，那么命题II.5相当于：$ab+\left[\dfrac{1}{2}(a+b)-b\right]^2=\left[\dfrac{1}{2}(a+b)\right]^2$。

♡命题II.6：如果平分一条线段并且在同一条线段上给它加上一条线段，则合成的线段与加上的线段构成的矩形及原线段一半上的正方形的和等于原线段一半与加上的线段的和上的正方形。

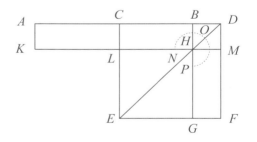

《原本》命题II.6附图

为了更清楚地理解此命题的含义，在上图中，AB记为a，BD记为b，那么命题II.6相当于：$(a+b)b+\left(\dfrac{a}{2}\right)^2=\left(\dfrac{a}{2}+b\right)^2$。

不过，欧几里得并没有将这两个命题应用在一元二次方程的求解方面，进行这项工作的是公元9世纪的阿拉伯数学家。

中世纪的阿拉伯数学

中世纪的阿拉伯数学指的是公元8—15世纪，在伊斯兰教及其文化占主导地位的地区，产生、发展和繁荣起来的数学理论和数学实践。公元762年，阿拔斯王朝兴建新都巴格达，第二任哈里发曼苏尔仿效波斯旧制，建立起了完整的行政体制，在其建制后最初的一百年时间里，特别是第五任哈里发哈伦·拉希德和第七任哈里发马蒙统治时期，是阿拉伯帝国的极盛时期，同时阿拉伯帝国的科学文化进入了繁荣昌盛阶段。

哈里发马蒙创建了一个名为"智慧院"的研究所，它一直存在了二百多年。其间大批叙利亚、伊朗、美索不达米亚和印度等地的学者聚集在这里，其中不乏相当出色的翻译人员，他们把大量的文献译成阿拉伯语。在翻译过程中，对许多文献重新进行了校订、考证、勘误、增补和注释，其中有欧几里得、阿基米德、阿波罗尼奥斯、托勒密和丢番图等希腊著名学者的数学和天文学著作，还有印度数学家和天文学家的著作。阿拉伯数学家们在代数学、几何学和三角学等领域都做出了重要贡献。

代数学之父——花剌子米

今天"代数"（algebra）一词源于阿拉伯语"还原"（al-jabr），公元820年左右，阿拉伯数学家花剌子米著《代数学》一书，标志着代数学的诞生。《代数学》对后世数学的发展产生了深远的影响，直至今天，这门数学分支仍保持着强大的生命力，因此花剌子米被称为"代数学之父"。

花剌子米的雕像（位于乌兹别克斯坦花剌子模州）

当时的阿拉伯数学家仅考虑含有正根的方程，这样任何有解方程都可以化为一些正项之和等于另外一些正项之和的形式。在花剌子米的书中，线性方程和二次方程则一定可以化为如下六种形式之一：

①$x^2=bx$ ④$x^2+bx=c$

②$x^2=c$ ⑤$x^2+c=bx$

③$x=c$ ⑥$bx+c=x^2$

$(b>0, c>0)$

接下来，花剌子米给出了方程的公式解法。尤其是后三种方程，花剌子米给出了与今天相同的公式解法。以上面第五种方程形式为例（$x^2+c=bx$，$b>0$，$c>0$），花剌子米所给例题用现代符号表示为：$x^2+21=10x$。该类型一元二次方程可能有两个正根，花剌子米分别给出了两个求根公式，并给出了几何解释。

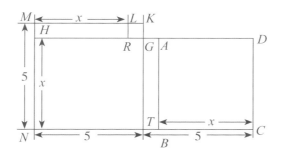

花剌子米求解 $x^2+21=10x$ 图示

若 $0<x<5$，图中正方形 $ABCD$ 的面积为 x^2，矩形 $ABNH$ 的面积21，矩形 $DCNH$ 的面积表示为 $10x$，$CN=DH=10$。花剌子米将 CN、DH 分别平分，相当于把一次项系数10平分，其中交点分别为 T、G。然后将矩形 $ABTG$ 移至矩形 $HMLR$ 的位置上。此时有 $S_{MKTN}-S_{ABNH}=S_{LKGR}$，即 $\left(\frac{10}{2}\right)^2-21=\left(\frac{10}{2}-x\right)^2$，所以 $x=\frac{10}{2}-\sqrt{\left(\frac{10}{2}\right)^2-21}$，即 $x^2+c=bx(b>0,c>0)$ 的第一个根为 $x=\frac{b}{2}-\sqrt{\left(\frac{b}{2}\right)^2-c}$，另一个根的求解过程此处不作详述。

用花剌子米的求根公式可以求出标准二次方程根的具体量值，几何图形仅仅是证明求根公式正确性的手段，花剌子米采用不证自明的面积"出入相补法"证明。与其同时代或是稍晚的数学家们，如塔比·伊本·库拉、阿布·卡米尔等人，迅速接受并发展了花剌子米的代数学思想。

东西文明的撞击——一元二次方程求根公式的完善

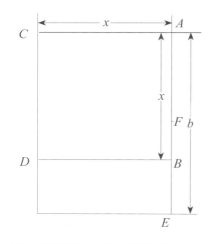

塔比·伊本·库拉在其著作《论以几何
证明验证代数问题》中就利用了《原本》中
命题 II.5 和命题 II.6，对花剌子米的一元二
次方程求根公式重新给出了证明。塔比出生
于哈兰（现土耳其南部），公元870年来到巴
格达智慧院，并最终成为一位伟大的学者。
他是第一位将欧几里得《原本》与花剌子米
《代数学》进行比较的数学家。我们还是以
第五种方程形式 $x^2+c=bx$ 为例，如图所示：

塔比·伊本·库拉求解 $x^2+c=bx$ 图示

此时问题相当于已知线段 $AE=b$，面积
$DE=c$，求线段 AB。其中 $DE=BD \cdot BE=AB \cdot BE=c$。作 AE 中点 F，由《原本》命题
II.5 可知 $AB \cdot BE+BF^2=AF^2$，即 $c+BF^2=\left(\dfrac{b}{2}\right)^2$，故 BF 可知。又 $AF=\dfrac{b}{2}$，故 AB 可知。另
外，点 B 也可以位于 AF 之间，即 $AB=AF \pm BF$，等价于 $x=\dfrac{b}{2} \pm \sqrt{\left(\dfrac{b}{2}\right)^2-c}$。剩余的
几种二次方程求根公式的证明此处不再赘述。

把塔比上述所给方法与花剌子米的方法做比较，显然二者迥异。塔比方法
的本质是利用几何图形对方程的解进行定性描述，过程中体现了严谨的逻辑推
理，其正确性的根源在于《原本》中不证自明的公理和公设。

 中世纪代数学的演化

在代数学发展的初始阶段，"代数"的含义是将含有未知数的线性及二次
方程转化为标准形式，然后套用公式求解。花剌子米的《代数学》一书基本确
立了中世纪代数学中方程化简和方程求解这两条主要发展脉络。

海亚姆的贡献

　　首先在一般高次方程求解领域取得突破性进展的是奥马尔·海亚姆。海亚姆在其著作《代数论》中，与其先辈们相同，在仅考虑正根与正系数的前提下，给出了三次及以下全部25种方程的分类。海亚姆最大的贡献在于他对这25种方程均给出了基于希腊数学知识的几何解法，即利用两条圆锥曲线相交的方法给出其几何解，本质上是利用圆锥曲线交点对方程的解进行定性描述。关于《原本》在方程化简领域的突破性贡献，将在后文中的比例论部分继续讨论。

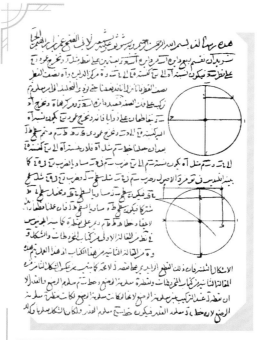

海亚姆利用圆锥曲线相交的方式求解三次方程

斐波纳奇（约1170—约1240）

才华横溢的斐波纳奇

　　斐波纳奇生活在十二三世纪的意大利，是一位才华横溢的数学家。斐波纳奇在还是孩子的时候，便跟随作为商人的父亲，从意大利出发，游历了众多北非的国家，他从当地阿拉伯人那里学习了很多数学知识。斐波纳奇离开埃及后，又游历了叙利亚、希腊、西西里和法国南部，每到一处他都认真学习当地的记数系统和计算方法。约1200年，斐波纳奇回到比萨潜心写作，他最为重要的代表作是《计算之书》（*Liber Abaci*，

1202）。《计算之书》系统地介绍印度记数法和花剌子米的代数学思想，影响并改变了欧洲数学的面貌，为现代数学的形成打下了基础。

 《原本》的比例论

比例论是我们今天在学习和日常生活中经常用到的数学知识，欧几里得在《原本》第 V 卷和第 VII 卷中分别给出了量和数的比例论，在今天，我们是不区分量与数的比例论的，而欧几里得为什么这样做呢？我们首先需要了解一下第一次数学危机。

从"万物皆数"到第一次数学危机

什么叫"万物皆数"

毕达哥拉斯学派的一个重要数学学说是"万物皆数"。数，即正整数，形成了宇宙的基本组成原则。毕达哥拉斯学派不仅认为任何事物都具有一个数或可以用数来记录，还认为数是所有物理现象的基础。他们把数看作宇宙的组成基础，他们认为每样东西的长度都是可度量的。要度量一个长度，就需要长度单位，毕达哥拉斯学派假定这样的长度单位总是存在的，一旦找到这样的单位长度，它就成为一个单位并且不可再分。

什么是"最大公度线段"

毕达哥拉斯学派还认为，任何两条不等长的线段，总有一条最大公度线段，也就是说，任意两条线段的长度之比都可以表示成两个正整数之比。具体做法是：设两条线段$CD<AB$，在AB上用圆规从点A起，连续多次截取长度为CD的线段。若没有剩余，则CD就是最大公度线段。若有剩余，设剩余线段$EB(EB<CD)$。再在CD上多次截取长度为EB的线段。若没有剩余，则EB就是最大公度线段。若有小于EB的剩余，设为FD。再在EB上尽可能多地截取长度等于FD的线段，如此反复。这类似于欧几里得求两个整数的最大公约数时使用的辗转相除法。由于作图工具和视觉的限制，总会出现没有剩余的现象。

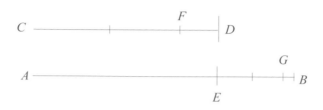

毕达哥拉斯学派认为两条线段可以公度图示

无理数的发现

毕达哥拉斯学派对勾股定理研究的深入，导致了不可公度量的发现。公元前5世纪，该学派学员希帕索斯通过严格的逻辑推理，而不是仅仅用尺规去实测，发现等腰直角三角形的直角边与其斜边不存在最大公度线段，即正方形对角线与其一边之比不能用两整数之比表达。

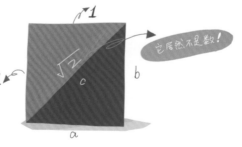

如下页图，AC为正方形$ABCD$的对角线，$AE=AB$，$FE\perp AC$，已知三角形ABC是等腰直角三角形，故$\angle 1=\angle 2=\angle 3=45°$，所以三角形$CEF$也是等腰直角三角形。

按照上述思路，求AC与AB的最大公度线段，

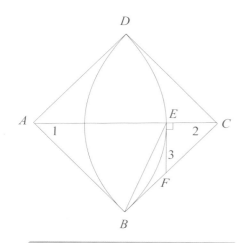

希帕索斯证明等腰直角三角形的
直角边与斜边不可公度图示

首先在 AC 上截取 AE=AB，剩余 EC，再在 AB 上截取 EC，因为 BC 与 AB 等长，故可用 EC 去截 BC，这样就比较容易证明 BF=EF=EC。这样一来，在线段 BC 上截取一段 BF=EC 之后，在 EC 与 BC 之间求公度线段就转变成了在 EC 与 FC 之间求公度。但是三角形 CEF 又重新构成一个等腰直角三角形，如此继续，永无止境，始终求不出 AC 与 AB 的最大公度线段，故它们是无公度的线段。

用今天的知识来看，其实很简单，$\sqrt{2}$ 与 1 是不可公度的，即 $\sqrt{2}$：1 不能表示成两个正整数之比。$\sqrt{2}$ 这个无理数的发现，也引发了第一次数学危机。

第一次数学危机

希帕索斯从几何上发现了无理数的存在，这对数学的发展及至人类文明做出了重大贡献，理应受到赞赏与奖励。但是由于毕达哥拉斯学派的信条"万物皆数"只承认整数和分数，除此之外，他们不知道也不承认别的数，希帕索斯因此被本学派学员投海，葬身鱼腹！

约公元前400年的这一发现，迫使毕达哥拉斯学派放弃他们"万物皆数"的基本哲学信仰，并且使得希腊数学家们发展一些新的理论，这就是第一次数学危机！

欧几里得化解危机

相似形理论

在《原本》第 V 卷中，欧几里得集中研究了比例的基本概念，但这是关于连续量的比例论。这个理论的成功之处在于，它避开了无理数，建立了可公度与不可公度的正确比例理论，从而顺利建立了第 VI 卷中相似形的理论，并用它证明了命题 VI.1：等高的三角形或平行四边形，它们彼此相比如同它们的底的比。进而证明了相似形的命题 VI.2：如果一条直线平行于三角形的一边，则它截三角形的两边成比例线段；又，如果三角形的两边被截成比例线段，则截点的连线平行于三角形的另一边。

"数"和"量"的比例论

直至第 VII 卷，欧几里得才开始研究数（即离散数量）的比例论，尽管在现代数学中很容易把"量"归入到"数"中，但当时在欧几里得看来，"量"和"数"是两个完全不同的概念，所以必须分别来进行研究。这种分别定义"量"和"数"的比例论的做法，被认为是欧几里得最重要的成就之一。让我们先来看一下第 V 卷的几个重要的定义：

♡ 定义 3：两个同类量彼此之间的一种大小关系叫作比。

♡ 定义 4：把一个量扩大几倍以后能大于另外一个量时，则说这两个量彼此之间有一个比。

♡ 定义 6：有相同比的四个量叫作成比例的量。

以上这些定义全部是早于欧几里得的欧多克索斯所给出的，《原本》出现后，人们将关于比的理论称为欧几里得比例论。欧多克索斯的年代，人们对数域概念的认识是模糊的，他极力避免和无理数接触。欧几里得也同样如此，他并没有把几何量和数建立起相对应的关系，因此无法把量转化为数，所以只能分开讨论。

四个数成比例

欧几里得在《原本》第VII卷定义20中指出：

♡ 当第一数是第二数的某倍、某一部分或某几部分，与第三数是第四数的同一倍、同一部分或相同的几部分，称这四个数是**成比例的**。

接下来，欧几里得在命题VII.19中指出：

♡ 如果四个数成比例，则第一个数和第四个数相乘所得的数等于第二个数和第三个数相乘所得的数；又如果第一个数和第四个数相乘所得的数等于第二个数和第三个数相乘所得的数，则这四个数成比例。

此外，欧几里得在《原本》第V卷和第VII卷中均指出，如果四个量或四个数成比例，则它们的更比例、反比例、合比例、分比例、换比例都成立，即：

更比例：如果 $a:b=c:d$，则 $a:c=b:d$。

反比例：如果 $a:b=c:d$，则 $b:a=d:c$。

合比例：如果 $a:b=c:d$，则 $(a+b):b=(c+d):d$。

分比例：如果 $a:b=c:d$，则 $(a-b):c=(c-d):d$。

换比例：如果 $a:b=c:d$，则 $a:(a-b)=c:(c-d)$。

这些都是我们在初等数学中比较常见的内容。

事实上，除了希腊文明以外，在古代中国、印度和阿拉伯文献中，都有关于四项比例关系的记载。文艺复兴后，这一法则经由阿拉伯传入欧洲。由于其方法简单易行，颇受商业界欢迎，被当时的欧洲人誉为"黄金法则"。

x^n $(n \in Z)$ 定义的由来

我们知道，在代数学中，幂是一个非常重要的概念，事实上，它的定义也与《原本》息息相关。前面讲过，花剌子米的代表作《代数学》基本确立了后世代数学中方程化简和方程求解两条主要发展脉络。首先在方程化简领域，即今天的多项式理论中取得突破的，是阿拉伯数学家凯拉吉，他的著作《法赫里》，使代数学从几何学中进一步"独立"出来。

凯拉吉在给出常数、一次项（x）、二次项（x^2）、三次项（x^3）这几个基本代数量定义的同时，还先后结合欧几里得《原本》中的两个命题 VII.19 和

VII.18，对基本代数量的概念
扩展。

首先，凯拉吉利用"物与物
的乘积等于平方"这个定义，结
合命题 VII.19，得到 1 比物等于物
比平方，用现代符号表示为：

$$x \cdot x = 1 \cdot x^2$$

由《原本》命题 VII.19，

可得 $1 : x = x : x^2$

接下来利用定义"平方与物的乘积等于立方"，结合
命题 VII.18（如果两数各乘任一数得某两数，则所得两数
之比与两乘数之比相同），得到物比平方，等于平方比
立方，用现代符号表示为：

$$\left.\begin{array}{l} x \cdot x = x^2 \\ x^2 \cdot x = x^3 \end{array}\right\}$$

由《原本》命题 VII.18，

可得 $x : x^2 = (x \cdot x) : (x^2 \cdot x) = x^2 : x^3$

凯拉吉将此结论结合《原本》命题 VII.19，得到：

因为物比上平方等于平方比上立方，则有物与立方的乘积等于平方自乘，
故称为平方平方（x^4）。由于将物比上平方等于立方比上平方平方，则物乘以
平方平方等于平方乘以立方，所以将此乘积称为平方立方（x^5）……

凯拉吉的结论相当于给出了 $x^n = x^{n-1} \cdot x (n = 1, 2, \cdots, 9 \cdots)$ 的定义。由于明确的
规律性可以将其指数扩展到任意正整数，随后凯拉吉利用倒数的概念将正整数
指数扩展到任意负整数指数，这也就是我们今天所使用的定义：$\cdots\cdots x^{-4}$，x^{-3}，
x^{-2}，x^{-1}，1，x^1，x^2，x^3，$x^4 \cdots\cdots$

第三部分　原本的主要内容

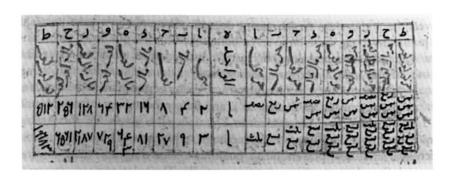

凯拉吉所给出的基本代数量拓展定义表

不难看出，在代数学发展早期，数学家们对于基本概念已经相对严格化。一方面，凯拉吉通过《原本》中的两个命题顺次构造出新的高次幂，使其产生"合法化"；另一方面，由于按照顺序产生的这些高次幂的名称均是由"平方"和"立方"累加实现的，这又体现了《原本》中的演绎思想。

 A4 纸中的秘密

我们在日常生活中经常接触打印纸，但是你知道打印纸中隐藏的数学秘密吗？国际标准化组织对打印纸，尤其是A型纸和B型纸有着统一的标准，这极大地方便了我们的工作。

下面以A型纸为例来看一下其中隐藏的数学秘密。A0是A型纸中面积最大的纸张型号，面积为$1m^2$。A系列的纸张尺寸之间有着密切的联系，将一张A0纸沿着长边对折得到A1纸，再次沿长边对折得到A2纸，再次对折得到A3纸……为了保持打印内容比例不变，

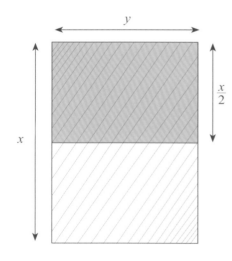

A型纸长宽比例图示

几何原本（少儿彩绘版）

EUCLID'S ELEMENTS

A 系列的纸长宽比相同。

现在我们研究一下这个长宽比到底是多少。假设一张 A 型纸长 x，宽 y，现在将它平分为两张长为 y，宽为 $\frac{x}{2}$ 的纸。

大纸的长宽比为 $\frac{x}{y}$，比其小一号的第二张纸的长宽比是 $\frac{y}{\frac{x}{2}}$，由于二者相等，即 $\frac{x}{y}=\frac{y}{\frac{x}{2}}$，则有 $\left(\frac{x}{y}\right)^2=2$，得到 $\frac{x}{y}=\sqrt{2}$。如果你有一张 A4 纸，动手折一下，这个结果应该很容易验证。

按照这个比例，大家可以动手算一下我们使用频率较高的 A4 纸长宽各为多少。A0 纸面积是 1m^2，A1 纸面积是 $\frac{1}{2}\text{m}^2$……A4 纸面积是 $\frac{1}{16}\text{m}^2$。设 A4 纸宽是 x，则其长为 $\sqrt{2}x$，面积为 $\sqrt{2}x^2=\frac{1}{16}$，解得 $x=\sqrt{\frac{\sqrt{2}}{32}}\approx0.210\text{m}$，$\sqrt{2}x\approx0.297\text{m}$。所以 A4 纸的宽大约是 210 毫米，长大约为 297 毫米。

几何原本（少儿彩绘版）

EUCLID'S ELEMENTS

奥妙无穷的黄金分割

 什么叫"黄金分割"

德国天文学家开普勒曾说过："几何学有
两大财富，一个是毕达哥拉斯定理（勾股定
理），另一个是按照中外比划分一条线段
（即黄金分割）。"那么，什么是"黄金分
割"呢？

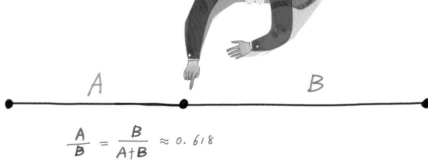

$$\frac{A}{B} = \frac{B}{A+B} \approx 0.618$$

黄金分割点

在任意线段 AB 上取一点 C，如果满足 $\frac{BC}{AC} = \frac{AC}{AB}$，即使所截得的较长线段 AC 是较短线段 BC 和原线段 AB 的比例中项，此时称点 C 将线段 AB 黄金分割，点 C 是线段 AB 的黄金分割点。

线段的黄金分割图示

不妨设 $AB=1$，$AC=\phi$。若 AC 满足前面说的比例关系，则有 $\frac{1-\phi}{\phi} = \frac{\phi}{1}$，即 $\phi^2+\phi-1=0$，求解此一元二次方程，略去负根，有 $\phi = \frac{\sqrt{5}-1}{2}$，这是黄金分割点所分较短线段与较长线段的比值，称为黄金比例。$\phi = \frac{\sqrt{5}-1}{2} \approx 0.618$，一般称为

（内）黄金分割数，用希腊字母表中第21个小写字母 ϕ 表示。另外，有时将 ϕ 的倒数，即较长线段与较短线段的比值 $\dfrac{1}{\phi} = \dfrac{1}{\frac{\sqrt{5}-1}{2}} = \dfrac{\sqrt{5}+1}{2} \approx 1.618$ 称为外黄金分割数。

如何快速找到黄金分割点

知道了黄金分割的定义，那么如何利用尺规作图快速作出一条已知线段的黄金分割点呢？可以按照下面的步骤进行：

1. 设已知线段 AB，过点 B 作 $BD \perp AB$，且 $BD = \dfrac{AB}{2}$。

2. 连接 AD。

3. 以点 D 为圆心，DB 为半径作弧，交 AD 于点 E。

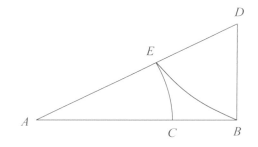

用尺规作图的方法对线段进行黄金分割

4. 以点 A 为圆心，AE 为半径作弧，交 AB 于点 C，则点 C 即黄金分割点。

由勾股定理可知，$AD = \dfrac{\sqrt{5}}{2}AB$，于是 $AC = AE = AD - DE = \dfrac{\sqrt{5}-1}{2}AB$，故点 C 是线段 AB 的黄金分割点。

第三部分 原本的主要内容

从《原本》中的"中外比"到黄金分割

什么是"中外比"

事实上，黄金分割这一名称是很晚才提出来的，但是这一内容早在欧几里得《原本》中就有多处详细论述，分别是命题II.11、命题IV.10、命题VI.30和命题XIII.9，这足以表现出欧几里得对此问题的重视。

在《原本》中，该问题起初并不叫"黄金分割"，而称为"extreme and mean ratio"。明末徐光启和传教士利玛窦将其译为"理分中末线"，这个"理"，是ratio，即比，相当于把线段分成这样的比——分一线段为二线段，使整体线段比大线段等于大线段比小线段，今天通常译为"中外比"。

欧几里得作图法

下面我们看看欧几里得关于黄金分割的作图方法，也就是《原本》命题II.11的内容：分已知线段，使它和一条小线段所构成的矩形等于另一小段上的正方形。设 AB 是已知线段，求它的黄金分割点。

在 AB 上作正方形 $ABDC$，取 AC 中点 E，连接 EB，延长 CA 到 F，取 $EF=EB$，在 AF 上作正方形 $AFGH$。此时点 H 就是 AB 上所求作的黄金分割点，满足矩形 $BDKH$ 的面积等于正方形 $AFGH$ 的面积，这种作图法被称为"欧几里得法"，大家可以自己证明一下。

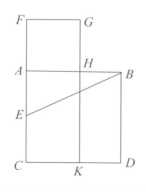

《原本》命题 II.11 附图

几何原本（少儿彩绘版）

EUCLID'S ELEMENTS

黄金分割的美学价值

黄金分割具有严格的比例性、艺术性、和谐性，蕴藏着丰富的美学价值，这一比值能够引起人们的美感，被认为是建筑和艺术中最理想的比例。例如从古埃及的金字塔、希腊雅典的帕提侬神庙，到近代法国巴黎的埃菲尔铁塔都有黄金分割的痕迹。画家们对黄金分割也特别偏爱，在达·芬奇的作品《维特鲁威人》《蒙娜丽莎》和《最后的晚餐》中都用到了黄金分割。

《蒙娜丽莎》

19世纪，德国美学家阿道夫·蔡辛于1854年和1855年分别发表了长篇论文《人体比例新论》和出版著作《美学研究》，首次正式提出人体中的黄金分割的说法，他的名言是："宇宙之万物，不论花草树木，还是飞禽走兽，凡是符合黄金律的，总是最美的形体。"1909年，为了纪念希腊雕塑家菲狄亚斯，很多人认为他在雕塑作品中应用了黄金比例，美国数学家马克·巴尔正式提出用菲狄亚斯名字的首字母 ϕ 表示黄金分割数，随后得到了大家的公认和采用。

黄金三角形

《原本》命题IV.11和命题XIII.8都与正五边形有关，这些内容应源于比欧几里得更早的毕达哥拉斯学派。古代的几何学家们比较容易地作出了正三角形、正方形和正六边形，就认为也可以很容易地作出正五边形，然而这涉及 36° 角和 72° 角的求作问题。毕

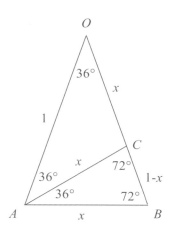

达哥拉斯学派最早作出了 36° 角并由此作出了正五边形和五角星形，他们以此为荣，把五角星形作为学派的秘密徽章和联络标志。

　　圆内接正五边形的一边所对应的圆心角是 72°，72° 是一个等腰三角形的两个底角时，36° 则是它的顶角。于是正五边形作图问题就转化为了作三个内角分别为 36°、72°、72° 的等腰三角形，这便是著名的黄金三角形。那么这样的三角形与黄金分割有什么关系呢？

黄金三角形

　　如图，AC 平分 $\angle OAB$，显然有 $OC=AC=AB$，三角形 $BAC \backsim$ 三角形 AOB。现取 $OA=1$，设 $AB=x$，于是有 $\dfrac{AB}{BC}=\dfrac{OA}{AB}$，得 $\dfrac{x}{1-x}=\dfrac{1}{x}$，即 $x^2+x-1=0$，舍去负根，解得 $x=\dfrac{\sqrt{5}-1}{2}\approx 0.618$。由此可知，顶角为 36° 的等腰三角形，底边和腰之比为 ϕ。事实上，如果将上面的等腰三角形中 72° 的底角连续平分，会得到从大到小的一系列越来越小的黄金三角形，有无穷多个。

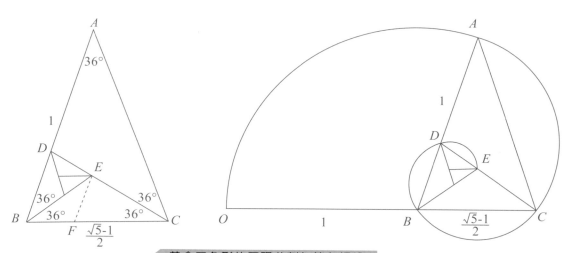

黄金三角形的无限分割与等角螺线

　　如图，以 E 为圆心，EB 为半径作弧 BC；然后以 D 为圆心，DA 为半径作弧 CA；以 B 为圆心，BA 为半径作弧 OA。这样继续下去，所勾勒出的就是一条美丽的黄金三角形螺线，它是一种等角螺线。

你会精确地画五角星吗？

我们知道，一个标准的五角星形是由一个正五边形的五条对角线所构成的，而正五边形可内接于圆，因此最快速的作五角星形的方法是，首先用圆规作出一个圆，然后利用量角器将圆心角五等分，得到5个72°角，这样就很容易作出五边形和五角星形。

但是欧几里得要求利用尺规来作图，这就有些复杂了。欧几里得正五边形的作图过程分为两步，第一步是作黄金三角形，第二步是作圆的内接正五边形。按照这种思路并根据前面的知识，可以使用下面这种比较简便的尺规作图方法。

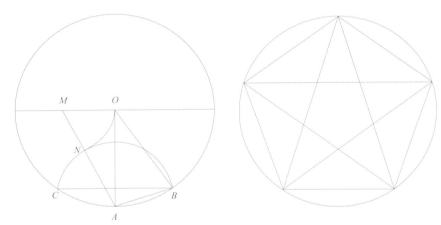

正五边形和五角星形的尺规作图

取 $OA=1$，作 $MO \perp OA$，$MO=\dfrac{1}{2}$，得到 $AM=\dfrac{\sqrt{5}}{2}$。以 M 为圆心，MO 为半径画弧得到点 N，再以 A 为圆心，AN 为半径画弧，与以点 O 为圆心，OA 为半径的圆交于点 B、C。此时有 $AN=AB=AM-MN=\dfrac{\sqrt{5}-1}{2}$，故三角形 OAB 为黄金三角形，$\angle AOB=36°$，同理 $\angle AOC=36°$，故 $\angle BOC=72°$，则 BC 必定为圆 O 中内接正五边形的一条边，在圆 O 的圆周上顺次截取相同弧长，便可以作出正五边形和五角星形。

黄金矩形与"上帝之眼"

如果一个矩形的短边与长边的比值为0.618时，这样的矩形称为黄金矩形。在历史上，许多设计师和建筑师都相信黄金矩形能够给画面带来美感，令人愉悦。例如著名的古希腊帕提侬神庙等建筑，在设计上就应用了黄金矩形。

帕提侬神庙中的黄金矩形结构

那么如何用尺规作一个黄金矩形呢？

1. 首先作一个正方形，如图，将其一条边向两侧延长。

2. 作出延长边的中点。

3.如图，利用圆规以此中点为圆心，以其到所对边的顶点的距离为半径作一段圆弧。

4.所作圆弧会与延长线有一个交点，将其作为所求作黄金矩形的一个顶点。如图，原正方形右侧的矩形即所作的黄金矩形。

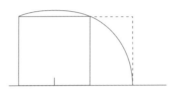

大家可以试着证明一下，为什么这样做出来的矩形是黄金矩形。

接下来继续看一看黄金矩形的神奇之处。如果已知黄金矩形 $ABCD$，其宽 $CD=\phi$，长 $AD=1$，从中分割出一个正方形 $ABFE$，那么剩下的矩形 $CDEF$ 又是一个什么样的矩形呢？显然有 $ED=AD-AE=1-\phi=\dfrac{3-\sqrt{5}}{2}$，这样就得到了 $\dfrac{DE}{CD}=\dfrac{\frac{3-\sqrt{5}}{2}}{\phi}=\phi$。由此可知，矩形 $CDEF$ 竟然也是一个黄金矩形！

这是黄金矩形的奇妙之处：一个黄金矩形靠三边割出来一个正方形之后，必然剩下一个小黄金矩形。接下来按照相同的方式，我们对黄金矩形 $CDEF$ 继续进行分割，会得到小黄金矩形 $DEGH$……

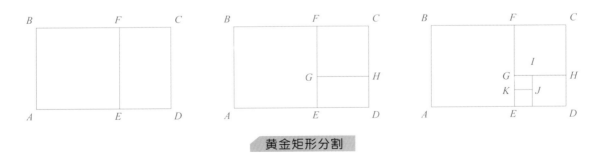

黄金矩形分割

利用上图中的一系列正方形，将其中每一个正方形内部连接两个相对顶点的四分之一段圆弧顺次连起来就形成了一条螺线。这条螺线经过一系列黄金矩形的顶点，所以也被称为"黄金螺线"。这条美妙的螺线是如此动人，被人们称为"上帝之眼"。

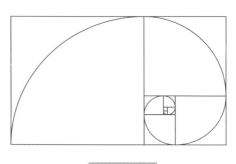

上帝之眼

斐波纳奇数列

兔子窝里的黄金比例

13世纪，意大利数学家斐波纳奇的代表作《计算之书》中，记载了一个著名的兔子问题：如果兔子不会死亡，而且成熟后必须连续生育，假定一雌一雄一对小兔在经过1个月之后长成大兔，在第3个月就生出一雌一雄的一对小兔，而这对小兔在出生后的第3个月同样生出一对小兔，并依此类推，问从一对刚出生的小兔子开始，一年之后（即第13个月）能繁殖出多少对兔子？

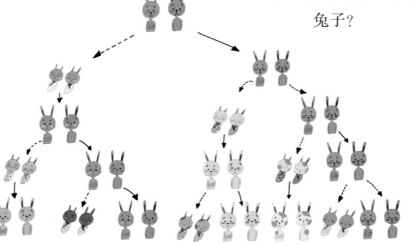

斐波纳奇的答案是：前两个月有1对兔子；第3个月，这对兔子生了1对小兔，此时共有2对兔子；第4个月，老兔子又生了一对兔子，而上一个月的小兔还未成熟，此时共有3对兔子；第5个月，老兔子又生了1对兔子，而第3个月出生的小兔已经成熟，也生了1对兔子，此时共有5对兔子。依此类推，就得到一个数列1,1,2,3,5,8,13,21,34,55,89,144,233。由此可知，一年之后，即到第13个月时，能繁殖233对兔子。这个数列就是著名的斐波纳奇数列，它的每一项被称为斐波纳奇数。

斐波纳奇数列的构造原理是从第三个数字开始，每个数字均为前面两个相邻数字之和。随着斐波纳奇数列中项的增加，如果你将其中任意相邻两项相除，便会发现结果越来越接近0.618，例如 $34 \div 55 \approx 0.618$，$55 \div 89 \approx 0.618$。

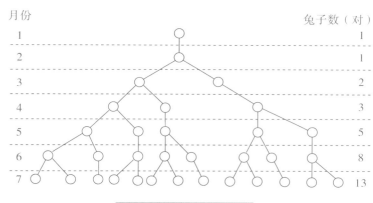

斐波纳奇数列的构造

大自然中的斐波纳奇数

除了几何图形之外，看似毫无关联的一组数列中居然也有黄金比例，是不是很神奇？你在自然界也可以找到斐波纳奇数和黄金比例的踪影，例如大家熟悉的松球。俯瞰松球的顶部，可以明显看到松球的表面有两类曲线：一类顺时针环绕松球，另一类逆时针环绕松球。数数这两类曲线的数量，你会发现，这两个数也是相邻的斐波纳奇数，例如下图松球表面顺时针曲线的数量为8，逆时针曲线的数量为13，其中8和13均是斐波纳奇数。

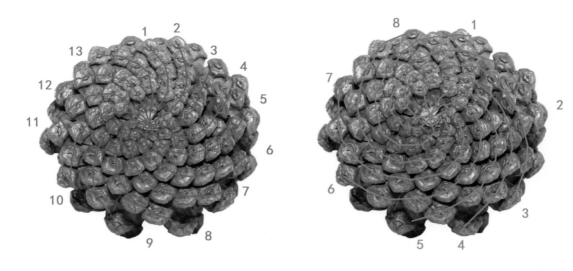

松球表面的两种曲线数目

《原本》中的数论

古希腊数学中，从毕达哥拉斯学派开始，对数的研究就有两个方面的内容：其一是关于数的计算技巧，这方面的研究称为"计算术"（Logistic）；其二是对于数与数之间的关系（数的性质）的研究，这方面的研究称为"算术"（Arithmetic），如毕达哥拉斯学派研究的形数、亲和数、完全数等。

欧几里得系统地整理了前人的研究成果，再加上自己的一些独创性的成果，集中体现在《原本》第 VII 卷到第 IX 卷中，共 102 个命题，可以说这三卷构成了数学史上第一本初等数论著作。我们首先从素数谈起，这是因为素数在数论中起着一种核心作用——任何大于 1 的整数，要么本身是素数，要么可以以唯一的方式写成素数的乘积，可以说素数是建筑整数大厦的砖石。下面我们来看一下《原本》中的素数理论。

奇妙的素数

《原本》第 VII 卷定义 11 中给出了素数的定义：**素数是只能为一个单位所量尽者。** 现代数论中的定义是：大于 1 的整数，除了 1 和它本身以外，不能被其他正整数所整除的数称为素数，也称质数，否则叫合数。数字 1 不是素数，第一个素数是 2，当然，它也是唯一的既是偶数，也是素数的数字。

埃拉托色尼素数筛选法表一

那么如何找出素数呢？下面介绍一下著名的埃拉托色尼筛选法，比如我们现在需要找出 50 以内所有的质数，先用铅笔和尺子仿照下图画出一个 10×5 的表格，在这些格子中按照顺序写出 1—50 这些数字。

首先 1 不是素数，将这个数字勾掉。然后从数字 2（2 本身是素数）开始，将所有偶数的格子（如 4、6、8 等）勾掉，它们都是 2 的倍数，所以都不是素数。数字 3 是素数，但是所有 3 的倍数都不是素数，也要勾掉。当然有些格子中的数字已经勾掉了，就不需要重复勾了。5 也是素数，但要将 5 的倍数勾掉，依此类推。现在看一看那些没有被勾掉的数字，它们就是 50 以内的所有素数，一共有 15 个。

1	2	3	4	5	6	7	8	9	10
11	12	13	14	15	16	17	18	19	20
21	22	23	24	25	26	27	28	29	30
31	32	33	34	35	36	37	38	39	40
41	42	43	44	45	46	47	48	49	50

埃拉托色尼素数筛选法表二

下面是36个最小的素数：

2，3，5，7，11，13，17，19，23，29，31，37，41，43，47，53，59，61，67，71，73，79，83，89，97，101，103，107，109，113，127，131，137，139，149，151。

你发现了吗？这些数字的分布有一个特点，就是随着数值的增大，素数之间的"跨度"似乎越来越大，或者说在同样的数值变化区间内，素数越来越少。素数这种逐渐稀疏的分布特点也很容易解释，较小的数字本身可能的因数少，较大的数字可能的因数较多，也就越来越不可能是素数。

 伟大的命题 IX.20——素数的无穷性

素数的分布随着数值的增大，逐渐稀疏，如果一直追踪下去，就会发现素数之间的巨大间隔。例如，从2101到2200这100个数中，只有10个素数；而从10000001到10000100这100个数字中，只有两个素数。那么素数会不会有尽头，以至完全消失，而后面的都成了合数呢？欧几里得在《原本》命题IX.20中证明了"素数的无穷性"——也就是素数可以无穷大，这一定理的证明简洁、优美，又极为深刻，两千年的岁月并没有使它产生丝毫陈旧感。

88

命题 IX.20：预先给定任意多个素数，则有比它们更多的素数。简言之，任何有限的素数集合都不可能包括全部素数。

证明：欧几里得首先假设有一个有限的素数集合，不妨设其中的元素为 A，B，C，…，D。他的目的是要找到一个不同于所有这些素数的新素数。为此，第一步，他先设数字 $N=(A \times B \times C \times \cdots \times D)+1$，显然，$N$ 大于原有素数中的任何一个，此时要么 N 是素数，要么 N 是合数，下面分别讨论。

情形 1：若 N 为素数，此时 N 大于 A，B，C，…，D，所以 N 是原素数集合中所不包括的新素数，证明完毕。

情形 2：如果 N 不是素数。根据命题 VII.31，合数 N 必定含有一个素数因数 G，首先假设 $G=A$，则 G 能够整除 $A \times B \times C \times \cdots \times D$ 的乘积，同时 G 能够整除 N，则 G 一定能够整除二者的差，即 $N-(A \times B \times C \times \cdots \times D)=1$，显然 G 不能整除 1，推出矛盾，故 $G \neq A$，同理推出 $G \neq B$，$G \neq C$，…$G \neq D$。这样就找到了新的素数 G。

综上所述，不论 N 是否为素数，都可以找到新的素数，所以素数的个数是无穷多的，素数也就可以无穷大。

完全数

完全数从古希腊时代开始便是人们研究的热点，欧几里得在《原本》第 VII 卷定义 22 对其有描述：完全数是等于它自身所有部分的和。我们今天的解释是：完全数是等于其所有真因数之和，如 6=1+2+3，28=1+2+4+7+14，所以 6，28 都是完全数。多么美妙！难怪有人将完全数称为"完美数"，将其视为自然数中的瑰宝。古希腊人认为完全数代表着吉祥，会给他们带来幸福和美好。欧几里得在命题 IX.36 中给出了完全数的寻找方法。

♡命题IX.36：设从单位起有一些连续二倍起来的连比例数，若所有数之和是素数，则这个和乘最后一个数的乘积将是一个完全数。

借助现代数学符号，我们可以更准确地说明欧几里得的意思：如果从1开始，连续加上2的幂，若所有这些数字之和$1+2+4+8+\cdots+2^n$是素数，则数字$N=2^n \cdot (1+2+4+8+\cdots+2^n)$，即"最后"一个加数$2^n$与这些数的和$(1+2+4+8+\cdots+2^n)$的乘积，一定是一个完全数。例如，$1+2+4=7$为素数，根据欧几里得上述定理，数字$N=4 \times 7=28$是完全数。又如，$1+2+4+8+16=31$是一个素数，那么，$N=16 \times 31=496$也应该是完全数，为了证明这一点，我们先列出496的所有真因数，即1，2，4，8，16，31，62，124和248，它们相加的和等于496，完全符合命题。

那么在自然数中，到底有多少个完全数呢？事实上，从1到40000000只有5个完全数，它们分别是6，28，496，8128，33550336。从发现第四个完全数8128到发现第五个完全数33550336经过了一千多年。我们可以将欧几里得的上述定理抽象成如下结论：若(2^p-1)是素数，则$2^{p-1}(2^p-1)$是完全数。不难验证，当$p=2$，3，5，7时，(2^p-1)是素数，恰好可以得到前4个完全数。而$p=13$时，才恰好可以得到第五个完全数。

显然上述欧几里得定理表明，形如(2^p-1)的素数与完全数有十分密切的关系，在数学史上，将形如(2^p-1)的素数称为梅森素数，记作M_p。

梅森素数

17世纪初，一位名叫马林·梅森的法国神父对形如(2^p-1)的素数产生了兴趣，他依靠自己的钻研和搜集到的资料，在1644年出版的著作中提出了一个猜想：在不超过257的55个素数中，有11个p值使得(2^p-1)为素数，这些p值

分别是 2、3、5、7、13、17、19、31、67、127 和 257，而 $p<257$ 的其他素数对应的 (2^p-1) 都是合数。当时人们对梅森的成果持半信半疑的态度，因为有些 p 值对应的 2^p-1 的数值太大了，很难确定它们是不是素数。不过梅森在这方面的工作还是赢得了人们的敬仰，后来人们便把形如 (2^p-1) 的素数称为"梅森素数"。

梅森是如何得到上述结论的呢？无人知晓。他本人验证了前 7 个梅森数都是素数。1722 年，欧拉证明了 $p=31$ 的梅森数为素数。但是，在梅森提出的 11 个数中还有 3 个是不是素数长期无人论证。直到梅森去世二百五十多年以后的 1903 年，在纽约召开的一次数学会议上，美国数学家科尔做了一次十分精彩的"报告"，他走上讲坛，一言不发，只见他迅速写下：

$$2^{67}-1=147573952589676412927=193707721 \times 761838257287$$

之后，他只字未吐又回到了自己的座位上，全场顿时响起了经久不息的掌声。科尔的"无声的报告"已经成为数学史上的佳话。可见，梅森的判断有误，$2^{67}-1$ 并不是一个素数！计算机发明以后，人们逐渐发现梅森的结论中的其他错误：$(2^{257}-1)$ 不是素数，但是 $(2^{61}-1)$、$(2^{89}-1)$、$(2^{107}-1)$ 是素数。到底有多少个梅森素数呢？截至 2018 年 12 月，我们已经知道 51 个梅森素数。目前已知的最大的梅森素数是 $2^{82589933}-1$。

 有没有无限大的数？

1 后面有 100 个零

随着文明的发展，人类需要记录的数字越来越大。在中国现代汉语中，常用的计数单位有十、百、千、万，但是对于更大数字的单位，今天的数学家们通常采用如下的国际单位制：

个	$1=10^0$	
十	$10=10^1$	符号 da

百	$100=10^2$	符号 h
千	$1000=10^3$	符号 k
	86400，一天中所包含的秒数	
兆	$1000000=10^6$	符号 M
	31556926，一年中所包含的秒数	
吉［咖］	$1000000000=10^9$	符号 G
	7000000000，约为2011年地球上人口总数	
太［拉］	$1000000000000=10^{12}$	符号 T
拍［它］	$1000000000000000=10^{15}$	符号 P
艾［可萨］	$1000000000000000000=10^{18}$	符号 E
泽［它］	$1000000000000000000000=10^{21}$	符号 Z
尧［它］	$1000000000000000000000000=10^{24}$	符号 Y

那么有没有更大的数字呢？古希腊数学家们就进行过这方面的讨论，阿基米德在其所著《论数沙》中写道："有人认为，无论是在叙拉古城（阿基米德的故乡），还是在整个西西里岛或者在世界上有人烟和没有人迹的地方，沙粒的数目都是无穷的；也有人认为沙粒的数目不是无穷的，但是想表示沙子的数目是办不到的……但是，我要告诉大家，用我找到的方法，不但能表示出占地球那么大地方的沙粒的数目，甚至还能表示把所有的海洋和洞穴都填满了的沙粒，这些沙粒总数不会超过1后面有100个零。"

1 00000000000000

1后面连续有100个零，这个数字用科学记数法表示为10^{100}，有101个数位，是一个很大的自然数！我们今天使用"∞"表示无穷大量，这是一个分析学概念，并不是无穷大数的符号。从数学的严谨性和应用性角度出发，1938年，一个叫米尔顿·西洛塔（Milton Sirotta）的9岁男孩给阿基米德定义的10^{100}起了一个名字叫"googol"，音译"古戈尔"，著名网站谷歌（Google）一词就是由此演变而来。1古戈尔指的是1后面加上100个零，古戈尔这个词表现出一个不可想象的大数和无穷之间的区别。

古戈尔普勒克斯

那么古戈尔是最大的数吗？古戈尔在过去是一个非常大的数的代名词，可是在当今的科学研究中又嫌它太小了。2018年12月21日发现的第51个梅森素数为$2^{82589933}-1$，总共有24,862,048个数位，显然它要远远大于10^{100}（101个数位）。为此科学家们又定义了一个更为巨大的数字"googolplex"（古戈尔普勒克斯），相当于$10^{(googol)}$。你可以想象一下1后面连续写10^{100}个零，就能想象1古戈尔普勒克斯该有多大了。

难以想象的"葛立恒数"

即便如此，古戈尔普勒克斯也不是最大的数字，因为只要你在其最后一个数位加上数字1，便得到一个更大的数字，这样继续下去而没有尽头。葛立恒数是拉姆齐理论中一个异乎寻常问题的上限解，是一个难以想象的巨型数，它被视为现在正式数学证明中出现过的最大的数字，它大得连用科学记数法也无法表示。举个例子，如果把宇宙中所有的已知物质换成墨水，并把它们放在一支钢笔中，那么也没有足够的墨水在纸上写下这个数字的所有数位。

从这里可以看出，"无限"的王国是神秘莫测、难以征服的。正如一位数学家所说："从来就没有任何问题像无限那样，深深地触动着人们的情感；没有任何观念能像无限那样，曾如此卓有成效地激励着人们的理智；也没有任何概念能像无限那样，是如此迫切地需要予以澄清。"事实上，人类对数学无限认识的   每一次深化都导致了数学的重大突破。

穷竭法

安蒂丰的化圆为方

　　智者学派的安蒂丰曾在三大尺规作图问题之一的化圆为方问题上进行过研究，提出了颇有价值的"穷竭法"，孕育着近代极限论的思想。安蒂丰首先作了一个圆内接正方形，然后取四段圆弧的中点作一个圆内接正八边形……如此继续下去，则圆与正多边形之间的面积差就越来越小，当面积被"穷竭"时，正多边形的边长恰好与它们各自所在圆弧重合。由于我们可以作与任何正多边形面积相等的正方形，同时正多边形已经作得与圆相合，那么我们将得到一个与圆面积相等的正方形。安蒂丰认为自己解决了化圆为方问题，但是显然，安蒂丰并没有成功，因为所谓的"相合一致"是一种朴素的直觉观念，在此过程中，多边形永远不能与圆相合。

阿喀琉斯跑不过乌龟

　　芝诺悖论

　　安蒂丰的这种方法受到了批驳，希腊人认为圆内接正多边形是不可能与一个圆的圆周完全重合的，因为直线段永远不可能落在曲线上，承认这点就意味着承认量是可以无限分割的，而这一观点被芝诺的一系列悖论所批驳。

　　芝诺悖论是古希腊数学家芝诺提出的一系列关于运动的不可分性的哲学悖论。芝诺从运动的假设出发，一共提出了40个各不相同的悖论，现存的至少有8个，这些悖论中最著名的是"阿喀琉斯跑不过乌龟"的悖论。

　　阿喀琉斯是古希腊神话中善跑的英雄。在他和乌龟的竞赛中，他的速度为乌龟的十倍，乌龟在他前面100米跑，他在后面追，但他不可能追上乌龟。因

为在竞赛中，追者首先必须到达被追者的出发点，当阿喀琉斯追到自己前方100米时，乌龟已经又向前爬了10米，于是一个新的起点产生了，阿喀琉斯必须继续追；当他追到乌龟爬的这10米时，乌龟又已经向前爬了1米，阿喀琉斯只能再追向那个1米。就这样，乌龟会制造出无穷个起点，它总能在起点与自己之间制造出一个距离，不管这个距离有多小，但只要乌龟不停地奋力向前爬，阿喀琉斯就永远也追不上乌龟！

从无穷到有穷

根据这个悖论，想象一下，阿喀琉斯从屋子中央走到门口，首先需要到达这两个点之间的中点。但是在到达门口之前，他需要先到达刚才提到的中点与门口之间的中点……因此，要走到门口，都必须跨过无数段距离的中点，而无穷多个任务是不可能完成的，所以阿喀琉斯根本到达不了门口。

换个角度看上面的问题，从屋子中央到门口的距离可以用以下的式子来表示：$\frac{1}{2}+\frac{1}{4}+\frac{1}{8}+\frac{1}{16}+\frac{1}{32}+\cdots$。数学家们已经证明了，虽然这个式子是无穷长的，但是它的结果最终会无限接近数字1。无穷个小单位可以组成一个有穷的整体，这一概念正是微积分的基础。

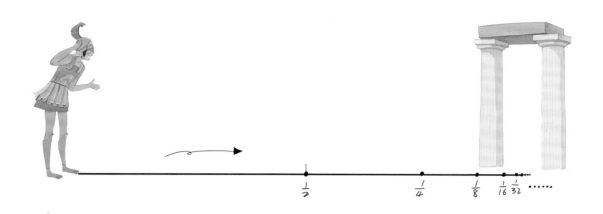

$\frac{1}{2}$ $\qquad$ $\frac{1}{4}$ $\qquad$ $\frac{1}{8}$ $\frac{1}{16}\frac{1}{32}$ ......

《原本》中的穷竭法

安蒂丰的结论虽然不对，但是其方法却有价值，当正多边形的边数不断增加时，正多边形与圆周之间的空隙逐渐被"穷竭"了。他的这种思想启发了欧多克索斯，现在一般认为，欧多克索斯在安蒂丰思想的基础上创造了穷竭法，首次应用于数学证明并取得了最初的成果。欧多克索斯一改安蒂丰对割圆的朴素模糊甚至错误的观念，而将穷竭法建立在无限可分割潜在可能性的基础上。

虽然欧多克索斯的著作没有流传下来，所幸欧几里得将其成果收入了《原本》命题X.1中：

给出两个不相等的量，若从较大的量中减去一个大于它的一半的量，再从所得的余量中减去大于这个余量一半的量，并且连续这样进行下去，则必得一个余量小于较小的量。

在《原本》中，欧几里得利用穷竭法证明了命题XII.2：*圆与圆之比如同直径上正方形之比*。这一命题告诉我们，不论什么样的圆，我们都可以得出 $\frac{s_1}{s_2}=\frac{D_1^2}{D_2^2} \rightarrow \frac{s_1}{D_1^2}=\frac{s_2}{D_2^2}$，即圆的面积与直径的平方比总是一个常数。这是一个非常重要的性质，但是欧几里得并没有对这一常数做出说明和估值。

欧几里得利用穷竭法进一步证明了命题XII.18：*球与球的比如同它们直径*

的三次比。欧几里得在这一命题中又一次提到了另一个重要常数——球体的体积与其直径的立方比，但是欧几里得依然未给出对这一常数的说明和估值。

△ 阿基米德的伟大贡献

来自叙拉古城的阿基米德，在其辉煌的职业生涯中，将数学的疆界从欧几里得时代向前推进了一大步。阿基米德和牛顿、高斯被公认为人类历史上三位最伟大的数学家。

阿基米德在其《圆的测量》一书中，对欧几里得没有进一步讨论的常数——圆周率给出了答案。他首先改进了穷竭法，如果预先给定任意面积，不论其是多少，我们都能作出一个圆内接正多边形，使得圆面积与其内接正多边形的面积之差小于这一预先给定的面积，同时外切正多边形具有类似的规律。也就是说，对于任何已知圆，都可以找到一个正多边形，使其面积可以任意接近圆的面积。正是"可以任意接近"成为阿基米德成功的关键，在《圆的测量》一书的第三个命题，他就推导出了常数 π 的值。

《圆的测量》命题 3：圆的周长小于三倍直径加上其七分之一，大于（三倍直径）加上直径的七十一分之十，即 $3\frac{10}{71} < \pi < 3\frac{1}{7}$。如果将分数化为十进制小数，则等价于 3.140845…<π<3.142857…这样，常数 π 的近似值为 3.14。

接下来，阿基米德从圆内接正六边形开始，将正多边形的边数依次加倍，最后计算到圆内接正九十六边形，他的估值为 $\pi = \dfrac{\text{圆的周长}}{\text{圆的直径}} > \dfrac{\text{圆内接正九十六边形周长}}{\text{圆的直径}} = \dfrac{6337}{2017\frac{1}{4}} > 3\frac{10}{71}$，类似地，从圆外切正九十六边形得出 π 的上限是 $3\frac{1}{7}$。

穷竭法的局限性

　　阿基米德凭借他的智慧和毅力，成功地计算出了重要常数 π 的第一个科学近似值，自此，科学家们再也停不下寻找 π 高精度近似值的脚步。阿基米德正是在他进一步完善了穷竭法的基础之上，才实现上述证明的。穷竭法的严格性是无可挑剔的，而严格性正是希腊几何学的精神。

　　作为一种严格的证明手段，穷竭法曾起过相当大的作用，但是其局限性也显而易见：如果利用穷竭法证明命题，首先需要知道命题的结论，而命题结论往往是推测、判断的，阿基米德也在其著作中阐述了发现结论的一般方法。不过显然，这并不是一种适于发现新结论的方法，数学家们对于穷竭法的探索最终导致 16—17 世纪积分的诞生。

东方数学文明中的极限观

　　在《庄子·天下》中记载有"一尺之棰，日取其半，万世不竭"。这句话的意思是：有一根一尺长的木棍，如果每天只取它剩下的一半，那么木棍永远取不完。这充分体现了古人对极限思想的一种思考，也形象地描述了"无穷小量"。

中国古代数学家对圆周率的贡献

　　公元 3 世纪，刘徽在《九章算术》的注中写道："割之弥细，所失弥少，割之又割，以至于不可割，则与圆合体而无所失矣。"用朴素的极限理念概括了他的割圆术思想。意思是，假设

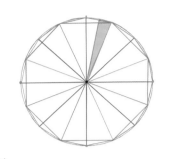

一个圆的半径为一尺，在圆中内接一个正六边形，然后每次将正多边形的边数增加一倍，用勾股定理算出内接的正十二边形、正二十四边形、正四十八边形等多边形的面积，这样就会出现一个现象，即当边数越来越多时，这个正多边形的面积就越来越接近圆的面积。刘徽运用这个相当于极限的思想求出了圆周率的范围 3.141024<π<3.142704，同时运用正三千零七十二边形，求得 π ≈ 3.14159，这在当时是非常精确的结果。

讲到中国古代数学家对圆周率的贡献，必然要提到祖冲之。祖冲之是南北朝人，公元5世纪时，他在其所著《缀术》一书中可能利用了刘徽的方法，将圆周率的数值计算到 3.1415926<π<3.1415927。但是该书已经遗失，我们对祖冲之的算法并不了解。幸运的是，下面将要介绍的阿拉伯数学家给出了运用圆内接和外切相似正多边形逼近圆周的思想，求解高精度圆周率的完整运算过程，而这种思想与前面介绍的阿基米德、刘徽求解圆周率的思想相同。

误差小于一根马鬃的粗细

15世纪初，阿拉伯数学家阿尔·卡西在其所著《论圆周》中，利用互为相似的圆内接和外切正 3×2^{28} 边形周长的算术平均数作为圆周长的近似值，在半径为1的单位圆中，圆周长相当于2倍圆周率，用六十进制数码表示为 $6(60^0)$，16，59，28，1，34，51，46，14，50，换算成十进制小数为 6.2831853071795865。

若仅从圆周率的计算精度角度看，卡西首次打破了祖冲之保持了约1000年的纪录。在《论圆周》中，卡西给出了他所要求圆周率的精度要求，即若存在一个直径为地球直径600,000倍的假想天球，使得通过此圆周率所求得的圆周长与真实值之间的误差小于一根马鬃的粗细。

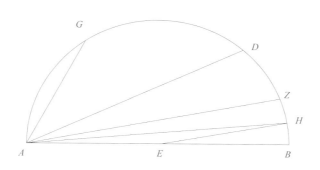

卡西求解圆周率图示

卡西的运算思路是从圆内接正六边形开始，随后将其边数逐次加倍来逼近圆周。设弦 AG 为圆内接正六边形的一条边，在半径已知的单位圆中其长度可知，D 为弧 BG 中点，Z 为剩余弧 BD 中点……卡西利用迭代算法顺次求出剩余的弦长 $AH=C_n=\sqrt{r(2r+C_{n-1})}=\sqrt{2+\cdots+\sqrt{2+\sqrt{3}}}$，随后利用勾股定理求得圆内接正 3×2^n 边形边长 $BH=\sqrt{d^2-AH^2}=\sqrt{2-\sqrt{2+\cdots+\sqrt{2+\sqrt{3}}}}$，将其乘以 3×2^n 便可以得出圆内接正多边形周长，正整数 n 的取值越大，此内接多边形的周长越接近圆周长。接下来，卡西构造与此圆内接正多边形相似的圆外切正多边形。

事实上，卡西采用的是自阿基米德时代便有的利用圆内接、外切正多边形周长来逼近圆周长的方法求解圆周率，但是他摆脱了希腊几何穷竭法的限制。

在运算之前，卡西首先对运算量进行了估算，得出圆内接、外切正 3×2^{28} 边形满足要求，即对 $\sqrt{2-\sqrt{2+\cdots+\sqrt{2+\sqrt{3}}}}$ 首先计算 $\sqrt{3}$，然

阿尔·卡西晚年工作的兀鲁伯格天文台遗址
（位于今乌兹别克斯坦撒马尔罕）

后代入计算$\sqrt{2+\sqrt{3}}$，接下来代入计算$\sqrt{2+\sqrt{2+\sqrt{3}}}$。最终需要经过28次连续开方运算，同时每次开方运算的精确值应达到60^{-17}。这两个估值非常重要，如果运算量不够，就达不到预期精度，如果运算量过了，又会造成不必要的浪费。

卡西在《论圆周》一书中得到拥有16位准确数字的用十进制小数表示的圆周率，这些运算过程对于复原祖冲之的算法有一定的启示作用。若仅从推算精度看，直至1596年，荷兰数学家鲁道夫·范·科伊伦才将用十进制小数表示的圆周率推算至20位准确数字。卡西在计算过程中展现了高超的运算技巧，

阿尔·卡西《论圆周》中求解$\sqrt{3}$算表

在世界数学史上的高精度数值求解领域占有重要地位。

正多面体

　　由若干个平面多边形围成的空间图形叫作多面体。把一个多面体的任何一个面伸展成平面，如果其余各面都位于这个平面的同一侧，这样的多面体叫作凸多面体。每个面都是有相同边数的全等正多边形，且每个顶点处都有相同棱数的凸多面体，叫作正多面体。正多面体只有五种。《原本》第XIII卷系统地研究了每种正多面体的作图，并且证明了每种正多面体都可以内接于一个球体，还把它们的棱长与球的直径做了比较。

最早的五种正多面体

柏拉图多面体

　　到欧几里得时代，人们已经认识了五种正多面体——正四面体、正六面体

正四面体　　　　　正六面体（正方体）　　　　　正八面体

正十二面体　　　　　正二十面体

柏拉图五种正多面体

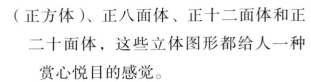

（正方体）、正八面体、正十二面体和正二十面体，这些立体图形都给人一种赏心悦目的感觉。

事实上，早在公元前350年左右，柏拉图就在其著作《蒂迈欧篇》中特别提到了这些多面体。柏拉图仔细考虑了构成世界的四种元素——火、气、水、土，他认为这四种元素都是实体，且它们的形状一定是正多面体。火是四大元素中最小、最轻、最活跃和最锐利的元素，所以是正四面体形状的；土一定是正方体，因为正方体是五种多面体中最稳定的形体；水是最活跃的流体，所以水一定是正二十面体，因为这种形体最接近球体，可以轻易滚动；气在大小、重量和流动性方面都居中，所以由正八面体构成。

对于所有这四种元素，它们每个个体单位都非常微小，肉眼看不见，只有大量聚集在一起时，我们才能分辨。最后还剩下一个正十二面体，柏拉图则说正十二面体是上天用来安排满天星座的，正十二面体代表了宇宙的形状。自此，这些正多面体就被称为"柏拉图多面体"。

欧拉公式

欧几里得曾经在柏拉图学园中学习过，可以想象这五种正多面体对欧几里得有着非常大的吸引力。欧几里得在《原本》最后一个命题XIII.18中证明了不可能再有其他的正多面体了，任何努力和聪明都不可能产生任何另外的正多面体。下面我们将五种正多面体每个面的形状、面的数目、棱的数目和顶点的数目统计如下：

正多面体	每个面的形状	面的数目 F	棱的数目 E	顶点的数目 V
正四面体	正三角形	4	6	4
正六面体	正方形	6	12	8
正八面体	正三角形	8	12	6
正十二面体	正五边形	12	30	20
正二十面体	正三角形	20	30	12

1750年11月14日，欧拉在给哥德巴赫的一封信中说道：我很吃惊，立体几何中这样一个一般的性质，就我所知，还没有其他人注意到。欧拉指的是对于简单几何体，如棱柱、棱锥、多面体等，其顶点数 V、棱数 E 及面数 F 间的关系满足著名的欧拉公式：$V-E+F=2$。此公式当然也适用于上述五种正多面体。

欧拉（1707—1783）

 开普勒的奇想

《宇宙的奥秘》

开普勒出生于一个贫穷的家庭，但他从小便才华横溢，所以能够一直获得奖学金，才不至于辍学。1594年4月，开普勒开始在大学教授数学和天文，开启了他的天文人生。开普勒一直相信哥白尼的"日心说"，即地球和金、木、水、火、土这六颗行星都是绕着太阳运行的。开普勒认为这是上天的杰作，但为什么上天的杰作中恰恰只有六颗绕日运行的行星呢？此事一定有深刻的道理，这是让当年任教天文课程的开普勒深思不解的问题。

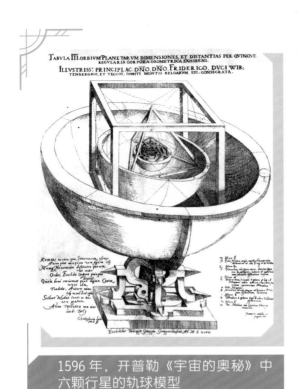

1596 年，开普勒《宇宙的奥秘》中六颗行星的轨球模型

1595年7月19日，开普勒突发奇想，认为行星个数恰好是六个的原因和正多面体的个数恰好是五个密切相关。他把包括地球在内的六颗行星的绕日轨道，想象成是分别位于一个以太阳为球心的六个大小不同的同心球，而这六个球壳之间恰好能够插入五种正多面体。各个正多面体与其内的球壳外切，同时与其外的球壳内接，假如此事果真如此，岂不美妙绝伦！

当年的开普勒觉得这是上天给他的启示，他认为土星、木星、火星、地球、金星和水星的轨道分别在大小不等的六个球的球面上，六球之间依次套切正六面体、正四面体、正十二面体、正二十面体和正八面体，太阳居于中心。上图便是开普勒在1596年发表的处女作《宇宙的奥秘》中的奇想图解。

理性文明的"巨棒交接"

这种假设尽管荒唐，但却促使开普勒去进一步寻找正确的宇宙构造理论。他把这本书分寄给了一些科学名人，丹麦天文学家第谷·布拉赫便是其中一位，第谷虽不同意书中的日心说，却十分佩服开普勒的数学知识和创造天才。

1600年，开普勒与当时已经成名的第谷在布拉格进行了短暂的会面，这次理性文明的"巨棒交接"可以说是上天的安排。一方面，第谷对他一生观察得到的宝贵天文数据理不出头绪。第谷显然对上述开普勒的奇谈怪论不以为然，但是他很欣赏年轻的开普勒所展现出来的冲劲与才华。另一方面，开普勒深深地认识到行星运转的实测数据不足，非常迫切地希望得到第谷手中宝贵的行星运行的多年观测数据。

天空立法者

1601 年，开普勒继承了第谷的宝贵观测数据，他以超凡卓越的功底和毅力，对行星轨迹做了多年的数理计算与分析，最终在 1609 年发表的《新天文学》和 1619 年发表的《世界的和谐》中，分别揭示了行星运动三大定律：所有行星分别是在大小不同的椭圆轨道上运行；在同样的时间里，行星与太阳的连线在轨道平面上所扫过的面积相等；行星公转周期的平方与它同太阳平均距离的立方成正比。这三大定律最终使开普勒赢得了"天空立法者"的美名。

食盐晶体

尽管柏拉图和开普勒关于正多面体的解释是错误的，但是有一点是正确的：柏拉图多面体的确是自然事物形态的一部分。事实上，柏拉图多面体不仅存在于古希腊和中世纪的著作中，它们也存在于我们呼吸的空气和脚下的土地中。例如，许多矿物质晶体都是正六面体（比如食盐）；金刚石常呈现出正八面体的形状；疱疹病毒衣壳常常是正二十面体；原子常常结合成正四面体形状。

截角二十面体

足球是一个球吗？

很多男孩子周末都喜欢去踢足球，你觉得足球是一个球体吗？事实上，足球并不是一个标准球体，这里蕴含着数学的奥秘。靠近些看，可以发现，足球表面是由正五边形和正六边形重复排列组成的，这种结构被称为截角二十面

体：有12个正五边形的面和20个正六边形的面，共
32个面；每个正五边形都与5个正六边形相接，每
个正六边形都与3个正五边形和3个正六边形相
接。真正的截角二十面体中，每个面都
是平的，但是为了让足球更圆，需
要抹除棱角，这样，实际的足
球表面正五边形和正六边形
都是向外鼓起的。

诺贝尔化学奖

截角二十面体不仅可以在体育场上出现，它还以微观的形式出现在自然界。
我们知道，碳元素非常普通，常温下碳元素很不活泼，也没有华丽的外表，但是
这不能说明碳元素不重要。1985年，美英科学
家科尔、克罗托和斯莫利经过一周多紧张的工作
之后，十分意外地发现了碳元素的一种新的同素
异形体——足球烯。这是一种由60个碳原子构
成的空心笼状结构，因其在外形上酷似一个足
球而得名。其实"足球烯"只是它的俗称，三
位科学家发现这种分子结构与美国著名建筑大
师巴克明斯特·富勒的一个建筑结构非常相似，
就将其取名为"富勒烯"。1996年，这三位科学
家因为发现了富勒烯而荣获诺贝尔化学奖。

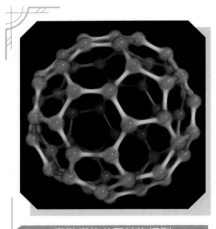

富勒烯的分子结构模型

阿基米德多面体

　　截角二十面体之所以比其他的立体结构更引人注意，是因为它是一个阿基米德多面体。阿基米德多面体又称半正多面体，是由两种或三种正多边形组成，前面讲过的所有正多面体的表面是一种类型的多边形。半正多面体有一些基本特征：它们的棱长相等；半正多面体都有一个外接球和一个内接球；半正多面体每一个顶点处的几个面排列规律相同。半正多面体共有 13 种。

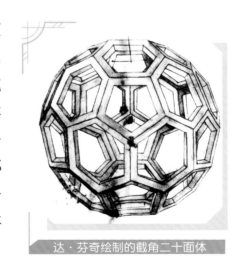

达·芬奇绘制的截角二十面体

　　1509 年，意大利数学家帕乔利在威尼斯出版了《神圣比例》一书，这是一本艺术与几何交融的书，此书第一卷插图由达·芬奇绘制，其中有若干半正多面体图案。

第四部分　《原本》的流传

约2300年前，欧几里得完成了传世巨著《原本》，但当时的原著早已遗失，现在看到的各种版本都是根据后人的修订本、注释本、翻译本重新整理出来的。在该书两千多年的流传过程中，出现了一些重要的版本，下面我们按照时间顺序简要梳理一下。

 ## 塞翁版《原本》

在埃及发现的公元前225年的陶瓷碎片上，有现存最早的《原本》片段，上面写有《原本》第VIII卷中的两个命题。约公元前100年的一份纸草书上，记载了《原本》第II卷中的部分内容。事实上，欧几里得之后的许多希腊学者对《原本》做了注释和评论，或加入新的引理，其中最为重要的，是亚历山大塞翁（Theon）的修订本。

此时离欧几里得的年代已有近700年，现在多数的欧几里得《原本》都是以这一修订本为底本。例如收藏在牛津大学鲍德莱图书馆的一本公元888年希腊文《原本》的抄本，是目前现存最早的抄本，该抄本就是以塞翁版《原本》为底本，但是塞翁究竟做了多少补充和修改，在19世纪之前是不清楚的。

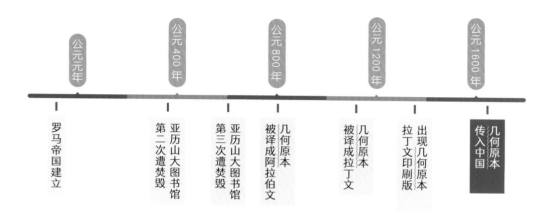

公元元年	公元400年	公元800年	公元1200年	公元1600年
罗马帝国建立	亚历山大图书馆第二次遭焚毁	亚历山大图书馆第三次遭焚毁 / 几何原本被译成阿拉伯文	几何原本被译成拉丁文 / 出现几何原本拉丁文印刷版	几何原本传入中国

《原本》的流传概况

承前启后的阿拉伯语版《原本》

公元9世纪前后，随着阿拉伯文明的崛起，大量的希腊经典著作传入阿拉伯世界并被翻译为阿拉伯语。《原本》的阿拉伯语译本主要有三种：第一种的译者是9世纪的赫贾季；第二种是由9世纪末的伊沙格翻译，同时由前文中提到的塔比·本·库拉对此进行修订，一般称为伊沙格-塔比本；第

纳西尔·丁·图西版《原本》封面

1482年坎帕努斯版《原本》封面

三种是13世纪初纳西尔·丁·图西翻译的。

　　随着阿拉伯文明的衰落，科学文明回到西方，大量的阿拉伯语科学经典被欧洲人翻译成了拉丁文。现存最早的拉丁文《原本》的抄本，是1120年左右，由阿德拉德从阿拉伯语版翻译过去的。后来杰拉德又翻译了伊沙格–塔比本。1255年左右，坎帕努斯参考多部阿拉伯语版及早期拉丁文版重新将《原本》译成拉丁文。1482年，该译本以印刷本形式在威尼斯正式出版，这是西方最早印刷出版的数学书，当然也是《原本》的第一种印刷本。

最权威的版本

15世纪后，随着文艺复兴运动的发展，欧洲学者开始将注意力转向希腊文经典著作。赞贝蒂第一次直接将塞翁的希腊文《原本》译成拉丁文，于1505年在威尼斯出版。

19世纪初，拿破仑称雄欧洲，1808年，他在梵蒂冈图书馆找到一些希腊文的抄本带回巴黎。其中有两种欧几里得著作的抄本，一本便是《原本》，通常将其称为梵蒂冈本。19世纪80年代，丹麦学者海伯格把梵蒂冈本与其他几个以塞翁版《原本》为底本的抄本做了细

1505年赞贝蒂版《原本》封面

致的比较，得出梵蒂冈本的内容在时间上早于塞翁版，因此其更接近于欧几里得的原著。随后海伯格与门格校订注释出版了希腊文与拉丁文对照本的《欧几里得全集》（1883—1916），其中包括《原本》，这可以说是现存的最权威的版本。

20世纪初，英国人托马斯·希思爵士将海伯格的书译成英文，于1908年出版，后多次再版。书中附有一篇长达150多页的导言，实际上是对欧几里得研究的总结，又对每章节都做了详细的注释，可以说是目前最流行的标准英译本。

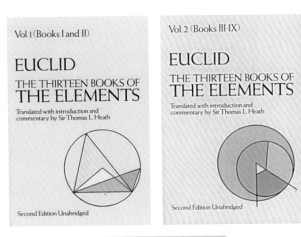

希思版《原本》封面

欧几里得在中国

有学者认为元代（13—14世纪）《原本》已经传入我国，这是根据元代《秘书监志》卷七《回回书籍》条目有《兀忽烈的四擘算法段数十五部》，其中"兀忽烈的"应是欧几里得（Euclid）的音译。据现有史料看，《原本》真正意义上传到中国则是在明朝末年。

 徐光启与利玛窦

目前中国最早的汉译本，是1607年由传教士利玛窦和崇祯朝礼部尚书兼文渊阁大学士徐光启合译出版的《几何原本》（前六卷）。意大利天主教耶稣会传教士利玛窦，于明万历年间来中国传教，为了传教需要，他广交中国官员和社会名流，传播西方数学、天文学等科学知识。

与此同时，大明王朝恰逢一次改历风波，历法问题不仅关乎农业，更关系到皇朝的命运。明代基本沿用元代的《授时历》，因年代久远，修正历法乃成急务，但精通历法的人才难得。公元一五九六年九月廿二，《大统历》日食有误报，但同时利玛窦在南昌按西方历法准确预报了这次日食，因此声名大噪，许多人前去向他学习西方历法，正是在这种背景下，欧几里得《原本》的汉译事务开始了。

翻译的方法是由利玛窦口授，徐光启笔录，翻译从 1606 年开始，1607 年完成并付印，原刻板留在北京。之后几年，又多次校改。徐光启、利玛窦翻译的底本，应是利玛窦的老师——德国人克拉维乌斯校订增补的拉丁文版本《欧几里得〈原本〉十五卷》（1574 年出版）。

克拉维乌斯
《欧几里得〈原本〉十五卷》
（1574 年出版）

徐光启与利玛窦合译
《几何原本》（1607 年出版）
首页

克拉维乌斯本和《原本》原著有较大出入，欧几里得原著只有十三卷，故第十四、十五卷是后人添加上的。可惜的是，利玛窦和徐光启仅翻译了其中前六卷。徐光启对未能完成全部的翻译深表遗憾，在《题〈几何原本〉再校本》中感叹道："续成大业，未知何日，未知何人，书以俟焉。"

康熙与《几何原本》

除几何学以外，明末传入中国的西方数学还有三角学、对数、测量学等。为了修历的需要，1634年，传教士罗雅各、邓玉函、汤若望等人，汇编翻译完成西方天文学、数学书籍一百三十七卷，编成《崇祯历书》，可惜新历还未实施，明朝就灭亡了。

清初康熙帝是中国历史上大有作为的一位皇帝，他希望了解这个世界，喜欢西方的科学技术。康熙要求法国传教士白晋、张诚等人每天为他讲授数学。

《崇祯历书》首页

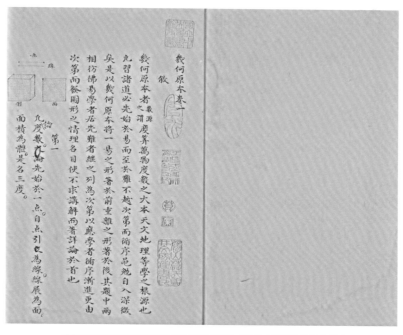

白晋、张诚为康熙翻译并讲授的《几何原本》

康熙还组织人们把欧几里得《几何原本》翻译为满文，1689—1690年间形成的《几何原本》满文抄本（七卷），由康熙皇帝亲自组织编写、翻译、修订而成。尽管此时西方数学传入中国的范围十分有限，但还是出现了像梅文鼎等一些著名的数学家。

但总体来说，明清之际，西方科学只是作为一种技术为政治服务的。同一时期的西方，数学及一般科学作为对自然界的探索又有长足发展，例如牛顿也是在这一时期登上历史舞台的，中外数学水平的差距越来越大。康熙死后，雍正继位，实行了更为严厉的思想专制，海禁也更严厉，对西方科学技术的引进与消化中断，中西在科学技术上的差距也越来越大。

李善兰与伟烈亚力

明清之际，西方科学还只是一种文化，连同宗教一起进入中国，尽管中国、外国的皇帝和教皇都关切这件事，但主角还只是传教士及信徒，科学的传播也只是意识形态领域的活动。鸦片战争以后，清王朝面临殖民主义和农民起义两大威胁。随后洋务派提出"中学为体，西学为用""师夷长技以制夷"的口号。此时，中国的知识分子意识到需要西方科学技术，首先需要数学，这就是西方数学传入中国第二次高潮的起因。

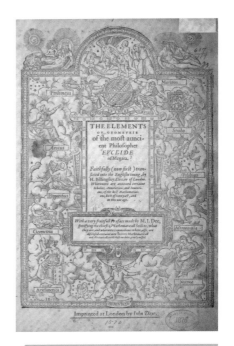

汉译《几何原本》后九卷的底本
1570 年比林斯利英译本封面

距徐光启和利玛窦翻译《原本》前六卷整整 250 年之后，1856 年，后九卷才由李善兰和英国人伟烈亚力共同译出，他们使用的底本是英国数学家比林斯利的《几何原本》（1570 年）。徐光启和利玛窦翻译的前六卷，通称"明本"，李善兰和伟烈亚力翻译的后九卷通称"清本"，两者合称"明清本"，至此，《原本》首次全部被译为汉语。

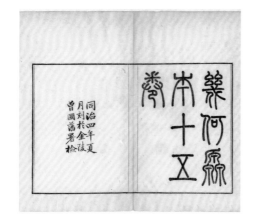

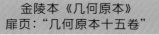

金陵本《几何原本》
扉页："几何原本十五卷"

《几何原本》十五卷本
（从第七卷起题"英国伟烈亚力口译，海宁李善兰笔受"）

　　文明因交流而多彩，文明因互鉴而丰富。《几何原本》诚可谓中外知识交流与文化融合的光辉典范。

结束语

　　至此，本书即将结束。2300年来，《原本》始终是一部卓越的数学文献。就像所有经典著作一样，即使一读再读，作者的天才思想也依然值得人们玩味。时至今日，读者仍能从其中精妙的数学推理技巧中获得无穷的乐趣。我们最好还是引用托马斯·希思爵士的话来加以概括，他简洁明了并且准确无误地指出《原本》："……现在是，并且无疑将永远是一部最伟大的数学教科书。"

关于作者

郭园园，中国科学院自然科学史研究所（IHNS，CAS）副研究员。2013年毕业于上海交通大学，获科学技术史专业理学博士学位。主要从事数学史研究、数学教育和数学科普工作。近年来出版的学术著作有《代数溯源——花拉子密〈代数学〉研究》（专著，科学出版社，2020）、《西去东来——沿丝绸之路数学知识的传播与交流》（合著，江苏人民出版社，2018）、《阿尔·卡西代数学研究》（专著，上海交通大学出版社，2017）、《东方数学选粹——埃及、美索不达米亚、中国、印度与伊斯兰》（合译，上海交通大学出版社，2016）。另翻译出版"魔力数学"（知识产权出版社，2020）、《让孩子尖叫的STEAM实验室·数学》（接力出版社，2020）、《计算利息、地球运动速度和蛋糕的黄金比例》（接力出版社，2018）等多部少儿科普作品，发表论文数篇。

关于本系列

　　"少儿万有经典文库"是专为8—14岁少年儿童量身定制的一套经典书系，本书系拥抱经典，面向未来，遴选全球对人类社会进程具有重大影响的自然科学和社会科学经典著作，邀请各研究领域颇有建树和极具影响力的专家、学者、教授，参照少年儿童的阅读特点和接受习惯，将其编写为适合他们阅读的少儿版，佐以数百幅生动活泼的手绘插图，让这些启迪过万千读者的经典著作成为让儿童走进经典的优质读本，帮助初涉人世的少年儿童搭建扎实的知识框架，开启广博的思想视野，帮助他们从少年时代起发现兴趣，开启心智，追寻梦想，从经典的原点出发，迈向广袤的人生。

本系列图书

《物种起源（少儿彩绘版）》　《天演论（少儿彩绘版）》　《国富论（少儿彩绘版）》　《山海经（少儿彩绘版）》　《本草纲目（少儿彩绘版）》

《资本论（少儿彩绘版）》　《自然史（少儿彩绘版）》　《天工开物（少儿彩绘版）》　《共产党宣言（少儿彩绘版）》　《天体运行论（少儿彩绘版）》

《几何原本（少儿彩绘版）》　《九章算术（少儿彩绘版）》　《化学基础论（少儿彩绘版）》　《梦溪笔谈（少儿彩绘版）》

即将出版

《徐霞客游记（少儿彩绘版）》《齐民要术（少儿彩绘版）》《乡土中国（少儿彩绘版）》